普通高等教育“十三五”规划教材

Python基础与案例教程

宁淑荣　廖礼萍◎主　编
于大为　汪沁然　张翠霞◎副主编

中国铁道出版社有限公司
CHINA RAILWAY PUBLISHING HOUSE CO., LTD.

内 容 简 介

本书从初学者的角度出发，对 Python 基础知识进行讲解，并结合实际需求，给出案例开发过程，真正做到把书本上的知识与实际应用相结合。前面 8 章基础知识适合初学者学习，后面 4 章介绍了 Cython 和 Python 游戏开发等高级应用，并提供完整综合案例开发过程，适合初学者提升开发技能。

本书附有源代码、习题、教学课件、微课视频等资源，读者可登录中国铁道出版社有限公司官方网站（http://www.tdpress.com/51eds/）下载或联系编者索要。

本书既适合作为高等院校本、专科计算机相关专业的教材，也可作为社会培训教材，是一本适合初学者入门、提升的学习参考读物。

图书在版编目（CIP）数据

Python基础与案例教程 / 宁淑荣，廖礼萍主编. —北京：中国铁道出版社有限公司，2020.6（2021.12重印）
普通高等教育“十三五”规划教材
ISBN 978-7-113-26795-7

Ⅰ.①P… Ⅱ.①宁… ②廖… Ⅲ.①软件工具-程序设计-高等学校-教材 Ⅳ.①TP311.561

中国版本图书馆CIP数据核字(2020)第061948号

书　　名：Python 基础与案例教程
作　　者：宁淑荣　廖礼萍

策　　划：祝和谊　　　　**编辑部电话**：（010）63549508
责任编辑：陆慧萍　贾淑媛
封面设计：刘　颖
责任校对：张玉华
责任印制：樊启鹏

出版发行：中国铁道出版社有限公司（100054，北京市西城区右安门西街 8 号）
网　　址：http://www.tdpress.com/51eds/
印　　刷：北京柏力行彩印有限公司
版　　次：2020 年 6 月第 1 版　2021 年 12 月第 2 次印刷
开　　本：787 mm × 1 092 mm　1/16　**印张**：13　**字数**：296 千
书　　号：ISBN 978-7-113-26795-7
定　　价：35.00 元

前　言

FOREWORD

Python 目前是很多大学的基础课之一，与 C 语言共同成为计算机专业、非计算机专业的入门语言。此外，Python 作为一种人工智能语言，已经基本成为共识，社会各界对 Python 语言掀起了学习的热潮，市场对 Python 各方面的人才需求猛增，比如数据分析处理、数据可视化、数据挖掘、网络爬虫等。Python 正在与多个行业相互渗透，越来越多的人开始学习 Python，以适应市场需求，寻求更广阔的发展空间。

为什么要学习本书

本书是从初学者的角度出发，知识分解由浅入深，并采用案例驱动的方式，在基础知识讲解后，用案例来讲解 Python 基础知识在实际开发中的应用，是一本非常适合初学者学习的书籍。

如何使用本书

初学者使用本书时，建议从头开始循序渐进地学习书中的理论知识，反复书写代码以验证书中的案例，达到熟能生巧的境界，进而实现理论为我所用。如果是有基础的编程人员，则可以有选择性地挑选章节跳跃阅读。

第 1 章主要介绍 Python 3.X 的特点、Python 应用领域、Python 环境搭建过程以及程序开发的一般流程，希望读者能够下载合适的软件安装版本，并且能够顺利搭建开发环境，同时在程序开发过程中，能够做到遵循程序开发的基本流程。

第 2 章主要对 Python 中的基础语法进行介绍，包括 Python 中的变量、基本数据类型 [number（数值型）、string（字符串）、boolean（布尔值）、None（空值）、list（列表）、tuple（元组）、dict（字典）等]、运算符以及运算符的优先级等基础知识，每个知识点都用 Python 代码举例分析。通过本章的学习，读者在 Python 程序设计中定义变量时，能够选择合适的数据类型，能理解运算符的优先级对表达式的影响，并设计出合理的表达式。为后面进一步学习 Python 开发打下基础。

第 3 章主要介绍 Python 中常用的语句，以三种基本结构为基础，介绍了条件判断语句、循环语句、for 语句、while 语句、break 语句、continue 语句等，本章是 Python 基础知识中入门级知识，初学者务必要全面掌握本章的知识点，建议对每个案例都做到亲自验证并理解其中的区别，要能区分何种情况下使用 for 语句、何种情况下使用 while 语句、何种情况下使用 break 语句、何种情况下使用 continue 语句，面对实际问题，要能迅速判断用哪种基本结构来处理。

第 4 章介绍字符串的相关知识。主要介绍字符串的基本概念、字符串的输入和输出、访问字符串、字符串的常见内置函数、字符串的运算符及其运用等知识。字符串是 Python 最常用的数据类型，在学习时，读者应结合本章的代码演示理解字符串的定义、输入输出、字符串的访问等相关知识，在 Python 程序设计时能正确地使用字符串，掌握字符串函数的使用以及字符串的运算等相关应用。

第 5 章主要介绍列表、元组和字典，这三种数据类型都属于组合数据类型，是 Python 中比较有特色且最常用的数据类型。通过本章的学习，读者既要能区分三种数据类型之间的区别，还需要掌握三种数据类型独有的函数或方法。

第 6 章介绍函数的相关知识，主要介绍函数的定义和调用、函数的参数和返回值、嵌套函数、递归函数、变量的作用域、函数变量、闭包函数、匿名函数、装饰器、日期函数、随机函数等知识，通过本章的学习和代码示例，读者能掌握函数的定义和调用，并能学会使用嵌套函数、递归函数、装饰器等函数的高级应用，通过查询 Python 内置函数并在程序中调用，读者能提高 Python 程序设计的能力。

第 7 章主要介绍引起程序中断的异常，包括内置异常类的层次结构、异常提示信息的分析、异常实例、异常捕获的几种分析。通过本章的学习，读者可以了解异常发生的基本原理，掌握异常处理的基本手段，可在后续编程中合理地使用异常处理方式来捕获及处理异常。

第 8 章主要介绍 Python 面向对象编程知识，包括类和对象的基本概念、类属性和方法、类的构造方法和析构方法、self 关键字的使用、运算符的重载、面向对象的基本特征（封装、继承、多态）等面向对象初高级编程知识。通过本章的学习，读者能理解如何使用 Python 进行类和对象的创建和使用，理解在 Python 中如何实现封装、继承、多态以及运算符重载等面向对象特征。读者可以多练习本章实例，在实践中学会使用 Python 进行面向对象程序设计。

第 9 章主要用一个有趣的例子——迷宫，来练习之前章节所学到的内容，同时引入一个便利的 Python 开发环境来帮助读者可视化地知道自己所写的代码会生成什么样的图片。通过本章的学习，读者可以掌握 Python 虚拟环境和 Jupyter 开发环境的使用，并通过编写迷宫的管理、生成、显示、求解方法来练习之前章节所学到的内容，帮助读者更好也更深入地理解 Python 开发的相关语法。

第 10 章主要介绍 Cython，提供了一种能够加速 Python 程序运行的方法。通过本章的学习，读者可以掌握 Cython 的特殊语法，并用 Cython 提升在第 9 章中所书写的迷宫代码的效率，帮助读者在后续的编程中合理地使用 Cython 来提升 Python 代码的运行效率。

第 11 章主要介绍 Python 中如何使用 pygame 完成图形的描绘和对用户操作的响应，通过对 2048 程序的开发，读者可以学习到在 Python 中用户的操作是如何表达出来的，如何获取这些操作并且做出响应；也可以学习程序是如何将编程者期望的内容通过画板的形式描绘在显示设备上。本章学习结束后，读者应当具备开发一个小游戏的能力。

第 12 章主要介绍 Python 中的 WebSocket、MQTT 和 PyQuery 等模块的使用，包括 MQTT 服务端的配置和搭建、WebSocket 的工作方法、使 Python 程序通过 WebSocket 与客户端进行数据交换，以及 PyQuery、Urllib 等库如何模拟一次网页访问并且提取网页中想要获取的内容等。通过本章的学习，读者可以从零开始构建一套使用 MQTT 和 WebSocket 传递数据并且通过 PyQurey 爬虫来获取数据的魔镜系统。

编写说明

本书的编写得到了北京联合大学规划教材建设项目资助，主要参与人员有宁淑荣、廖礼萍、于大为、汪沁然、张翠霞、韩林、孙建等，全体人员在近一年的编写过程中付出了很多辛勤的汗水。

意见反馈

尽管我们付出了很大的努力，但书中难免仍然会有不妥之处，欢迎各界专家和读者朋友来信提出宝贵意见，我们将不胜感激。您在阅读本书期间，若发现任何问题或有不认同之处，均可通过电子邮件与我们取得联系。

请发送邮件至：fancyning@163.com

编 者

2020 年 2 月

CONTENTS 目录

第1章 Python概述

Python 是全能语言，社区庞大，有很多的库和框架。用户只需要找到合适的工具来实现想法，省去了进行基础编程的精力，编程人员可以写尽可能少的代码来实现同等的功能。如实现一个中等业务复杂度的项目，在相同的时间要求内，用 Java 实现要 4 ~ 5 个编程人员的话，用 Python 实现也许只需要 1 个。

后端开发、前端开发、爬虫开发、人工智能、金融量化分析、大数据、物联网等，Python 应用无处不在：搜索引擎 Google 的核心代码是用 Python 完成的，迪士尼公司动画生成的 UNIX 版本都内建了 Python 环境支持，国内知名的豆瓣网是使用 Python 技术建立……可见，Python 应用开发技术在各公司都有大规模使用，Python 的发展前景是不可估量的。

1.1 Python 3.x 简介

2020 年 1 月 1 日起，Python 2 将不再得到支持。Python 的核心开发人员将不再提供错误修复版或安全更新。因此，如果用户仍在使用 Python 2.x，是时候将代码移植到 Python 3.x 了。如果继续使用未得到支持的模块，可能危及企业及数据的安全，因为无人修复的漏洞迟早会出现。

Python 3.x 的发展历程如下：

- 2008 年 12 月 3 日发布 Python 3.0。
- 2009 年 6 月 27 日发布 Python 3.1。
- 2011 年 2 月 20 日发布 Python 3.2。
- 2012 年 9 月 29 日发布 Python 3.3。
- 2014 年 3 月 16 日发布 Python 3.4。
- 2015 年 9 月 13 日发布 Python 3.5。
- 2016 年 12 月 23 日发布 Python 3.6。
- 2018 年 6 月 27 日发布 Python 3.7。
- 2019 年 10 月 15 日发布 Python 3.8。

Python 3.1 的主要特性如下：

- 用 C 语言实现 I/O 模块。在 Python 3.0 中，I/O 模块是用 Python 语言实现的，性能很慢，现在比 Python 3.0 快了 2 ~ 20 倍。
- 新增 OrderedDict 类，能记住元素添加顺序的字典，例如：读取一个 .ini 文件，处理之后还能按原始顺序输出。

● 嵌套的 with 语句可以写在同一行。

● 更易懂的浮点数表示。由于浮点数在 CPU 内部的存在形式，repr (1.1) 会显示为 '1.1000000000000001'。现在显示为 '1.1'，尽量确保 eval(repr(f)) == f。

● 新增 collections.Counter 类，用于统计元素在序列中出现的次数。

● str.format() 支持自动编号。

● 新增 tkinter.ttk 模块。使 tkinter 控件呈现操作系统本地化风格，在 Windows 下像 Windows，在 MAC 下像 MAC，在 Linux 下像 Linux。tkinter.ttk 还包含了 6 个以前缺失的常用控件：Combobox、Notebook、Progressbar、Separator、Sizegrip、Treeview。

● round(x, n)。如果 x 是整数，则返回一个整数。之前返回的是一个浮点数。

● itertools 新增两个函数：一个排列组合函数 combinations_with_replacement；一个按 true 进行选择的函数 compress。

● 如果一个目录或一个 zip 文件里有 __main__.py 文件，把目录名或 zip 文件名传给 Python 解释器就可以启动程序。

● 新增 importlib 模块。把 import 的功能做成模块，并提供一些相关 API。

● 64 位版的 int 快了 27%~55%。以前 32 位版、64 位版 int 的计算单元都是 15 比特，现在 64 位版是 30 比特。

● UTF-8、UTF-16、LATIN-1 编码的 decode 速度是以前的 2~4 倍。

● json 模块用 C 语言扩展，性能更快。

Python 3.8 的新特性如下：

● Python 3.8 最明显的变化就是赋值表达式，即 := 操作符。赋值表达式可以将一个值赋给一个变量，即使变量不存在也可以。它可以用在表达式中，无须作为单独的语句出现。

● 仅通过位置指定的参数是函数定义中的一个新语法，可以让程序员强迫某个参数只能通过位置来指定。这样可以解决 Python 函数定义中哪个参数是位置参数、哪个参数是关键字参数的模糊性。

● 支持 f 字符串调试，f 字符串格式可以更方便地在同一个表达式内输出文本和值，或进行变量的计算，而且效率更高。

● multiprocessing 模块提供了 SharedMemory 类，可以在不同的 Python 进程之间创建共享的内存区域。共享内存片段可以作为单纯的字节区域来分配，也可以作为不可修改的类似于列表的对象来分配，其中能保存数字类型、字符串、字节对象、None 对象等一小部分 Python 对象。

● Typing 模块的改进。

● Python 3.8 引入的第 5 版 pickle 协议可以用一种新方法 pickle 对象，它能支持 Python 的缓冲区协议，如 bytes、memoryviews 或 Numpy array 等。新的 pickle 避免了许多在 pickle 这些对象时的内存复制操作。

● Python 3.8 还允许在字典上使用 reversed()。

● 性能改进。

● CPython（C 语言编写的 Python 的参考实现）中使用的 C API 在重构方面下了很大功夫。

Python 3.x 的各个版本均有各自的特色，此处不再赘述，有兴趣的读者可以在网上自行查询。

1.1.1 Python的特点

（1）简单易学。

（2）开源。

（3）高级语言。

（4）解释性语言。一个用编译型语言（如C或C++）编写的程序，可以从源文件转换到计算机使用的语言。这个过程主要通过编译器完成。可以把程序从硬盘复制到内存中并运行。而Python语言编写的程序，则不需要编译成二进制代码，可以直接从源代码运行程序。在计算机内部，由Python解释器把源代码转换成字节码的中间形式，然后再把它翻译成计算机使用的机器语言并运行。

（5）可移植性。由于Python是开源的，它已经被移植到许多平台上。如果能够避免依赖系统的特性，那就意味着，所有Python程序都无须修改就可以在许多平台上运行，包括Linux、Windows、FreeBSD、Solaris等，甚至还有PocketPC、Symbian以及Android平台。

视频1.1
Python排行榜

（6）强大的功能。从字符串处理到复杂的3D图形编程，Python借助扩展模块都可以轻松完成。

（7）可扩展性。Python的可扩展性体现为它的模块。Python具有脚本语言中最丰富和强大的类库，这些类库覆盖了文件I/O、GUI、网络编程、数据库访问、文本操作等绝大部分应用场景。Python可扩展性一个最好的体现是，当我们需要一段关键代码运行得更快时，可以将其用C或C++语言编写，然后在Python程序中使用它们即可。

（8）面向对象。Python既支持面向过程编程，也支持面向对象编程，与其他面向对象语言C++和Java相比，Python是一种非常强大又简单的面向对象编程语言。

（9）丰富的库。Python标准库非常庞大，所提供的组件涉及范围十分广泛。这个库包含了多个内置模块（以C编写），Python程序员必须依靠它们来实现系统级功能，例如文件I/O，此外还有大量以Python编写的模块，提供了日常编程中许多问题的标准解决方案。其中有些模块经过专门设计，通过将特定平台功能抽象化为平台中立的API来鼓励和加强Python程序的可移植性。

Windows版本的Python安装程序通常包含整个标准库，往往还包含许多额外组件。对于类UNIX操作系统，Python通常会分成一系列的软件包，因此可能需要使用操作系统所提供的包管理工具来获取部分或全部可选组件。

在这个标准库以外，还存在成千上万并且不断增加的其他组件（从单独的程序、模块、软件包，直到完整的应用开发框架），访问Python包索引即可获取这些第三方包。

1.1.2 Python的应用领域

1. Web开发

Python拥有很多免费函数库、免费Web网页模板系统，以及与Web服务器进行交互的库，可以实现Web开发，搭建Web框架。目前比较常用的Python Web框架为Django。从事该领域应从数据、组件、安全等多领域进行学习，从底层了解其工作原理，并可驾驭任何业内主流的Web框架。

2. 桌面软件

Python在图形界面开发上很强大，可以用tkinter/PyQt框架开发各种桌面软件。PyQt、PySide、wxPython、PyGTK是Python快速开发桌面应用程序的利器。

3. 网络编程

网络编程是Python学习的另一方向。网络编程在生活和开发中无处不在，哪里有通信哪里就有网络，它是一切开发的“基石”。对于所有编程开发人员来说，必须要知其然并知其所以然，所以网络部分将从协议、封包、解包等底层进行深入剖析。

4. 爬虫开发

在爬虫领域，Python几乎是霸主地位，将网络一切数据作为资源，通过自动化程序进行有针对性地数据采集以及处理。爬虫开发也称网络蜘蛛，是大数据行业获取数据的核心工具。没有网络爬虫自动地、不分昼夜地、高智能地在互联网上爬取免费的数据，那些大数据相关的公司恐怕要少3/4。Python中的Scripy爬虫框架应用非常广泛，从事该领域，应学习爬虫策略、高性能异步I/O、分布式爬虫等，并针对Scrapy框架源码进行深入剖析，从而理解其原理并实现自定义爬虫框架。

5. 云计算开发

Python是从事云计算工作需要掌握的一门编程语言，云计算框架OpenStack就是由Python开发的，如果想要深入学习并进行二次开发，就需要具备Python的技能。

6. 人工智能

MASA和Google早期大量使用Python，为Python积累了丰富的科学运算库，当人工智能（AI）时代来临后，Python从众多编程语言中脱颖而出，各种AI算法都基于Python编写，尤其PyTorch之后，Python作为AI时代头牌语言的位置基本确定。

7. 自动化运维

Python是一门综合性的语言，能满足绝大部分自动化运维需求，前端和后端都可以做，从事该领域，应从设计层面、框架选择、灵活性、扩展性、故障处理及如何优化等层面进行学习。

8. 金融分析

金融分析包含金融知识和Python相关模块的学习，学习内容包括Numpy、pandas、scipy数据分析模块等，以及常见金融分析策略如“双均线”“周规则交易”“羊驼策略”“Dual Thrust交易策略”等。

9. 科学运算

Python是一门很适合做科学计算的编程语言，Numpy、Scipy、Matplotlib可以让Python程序员编写科学计算程序。1997年开始，NASA就大量使用Python进行各种复杂的科学运算，随着Numpy、Scipy、Matplotlib、Enthought librarys等众多程序库的开发，使得Python越来越适合做科学计算、绘制高质量的2D和3D图像。Python比Matlab所采用的脚本语言的应用范围更广泛，有更多的程序库的支持，虽然Matlab中的许多高级功能和toolbox目前还是无法替代的，不过在日常的科研开发之中仍然有很多的工作是可以用 Python 代劳的。

10. 游戏开发

在网络游戏开发中，Python 也有很多应用，相比于 Lua 或 C++，Python 有更高阶的抽象能力，可以用更少的代码描述游戏业务逻辑，Python 非常适合编写 1 万行以上的项目，而且能够很好地把网游项目的规模控制在 10 万行代码以内。YouTube、Google、Yahoo！、NASA 都在内部大量使用 Python。

11. 服务器软件（网络软件）

Python 对于各种网络协议的支持很完善，因此经常被用于编写服务器软件、网络爬虫。第三方库 Twisted 支持异步网络编程和多数标准的网络协议（包含客户端和服务器），并且提供了多种工具，被广泛用于编写高性能的服务器软件。

12. 数据分析

在大量数据的基础上，结合科学计算、机器学习等技术，对数据进行清洗、去重、规格化和针对性的分析是大数据行业的基石。Python 是数据分析的主流语言之一。

13. 常规软件开发

Python 支持函数式编程和 OOP 面向对象编程，能够承担任何种类软件的开发工作，因此常规的软件开发、脚本编写、网络编程等都属于标配能力。

1.2 Python 环境搭建 >>

Python 环境搭建包括两部分：Python 3.7.4 和 PyCharm 的安装。PyCharm 是 Python 的集成开发环境之一。

1.2.1 安装 Python 3.7.4

视频 1.2
Python 下载

本书中的案例均是在 Windows 平台开发的，接下来分步骤演示如何在 Windows（Windows 7- 64 bit）环境中安装 Python。

第一步：从网站下载 Python 安装包（以 Python 3.7.4 版本为例）。

从官网中选择所需的 Python 版本，如图 1-1 所示。

Version	Operating System	Description	MD5 Sum	File Size	GPG
Gzipped source tarball	Source release		68111671e5b2db4aef7b9ab01bf0f9be	23017663	SIG
XZ compressed source tarball	Source release		d33e4aae66097051c2eca45ee3604803	17131432	SIG
macOS 64-bit/32-bit installer	Mac OS X	for Mac OS X 10.6 and later	6428b4fa7583daff1a442cba8cee08e6	34898416	SIG
macOS 64-bit installer	Mac OS X	for OS X 10.9 and later	5dd605c38217a45773bf5e4a936b241f	28082845	SIG
Windows help file	Windows		d63999573a2c06b2ac56cade6b4f7cd2	8131761	SIG
Windows x86-64 embeddable zip file	Windows	for AMD64/EM64T/x64	9b00c8cf6d9ec0b9abe83184a40729a2	7504391	SIG
Windows x86-64 executable installer	Windows	for AMD64/EM64T/x64	a702b4b0ad76debdb3043a583e563400	26680368	SIG
Windows x86-64 web-based installer	Windows	for AMD64/EM64T/x64	28cb1c608bbd73ae8e53a3bd351b4bd2	1362904	SIG
Windows x86 embeddable zip file	Windows		9fab3b81f8841879fda94133574139d8	6741626	SIG
Windows x86 executable installer	Windows		33cc602942a54446a3d6451476394789	25663848	SIG
Windows x86 web-based installer	Windows		1b670cfa5d317df82c30983ea371d87c	1324608	SIG

图 1-1 Python 下载界面

如果是 64 位的 PC，下载 Windows x86–64 executable installer。如果是 32 位的 PC，下载 Windows x86 executable installer。

第二步：安装 Python。双击下载好的安装包，弹出界面如图 1–2 所示。

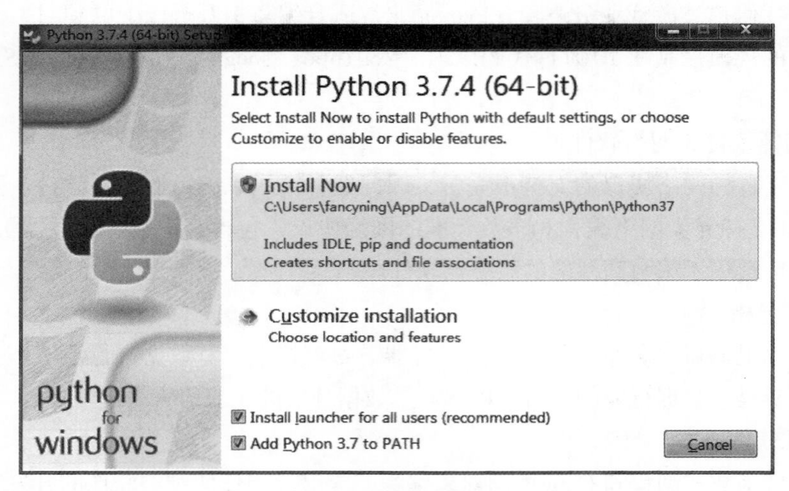

图 1–2　Python 安装初始界面

视频 1. 3
Python 安装

Install Now 代表默认安装，是在默认选择的地址上进行安装；Customize installation 代表自定义安装，可将 Python 安装在用户选择的地址路径上。

Install launcher for all users(recommended) 和 Add Python 3.7 to PATH 选项建议勾选，尤其是 Add Python 3.7 to PATH，勾选它可以省略在操作系统中配置 PATH 的环节。

如图 1–2 所示，勾选 Install launcher for all users(recommended) 和 Add Python 3.7 to PATH 选项后，单击 Install Now 后立即开始安装。弹出界面如图 1–3 所示。

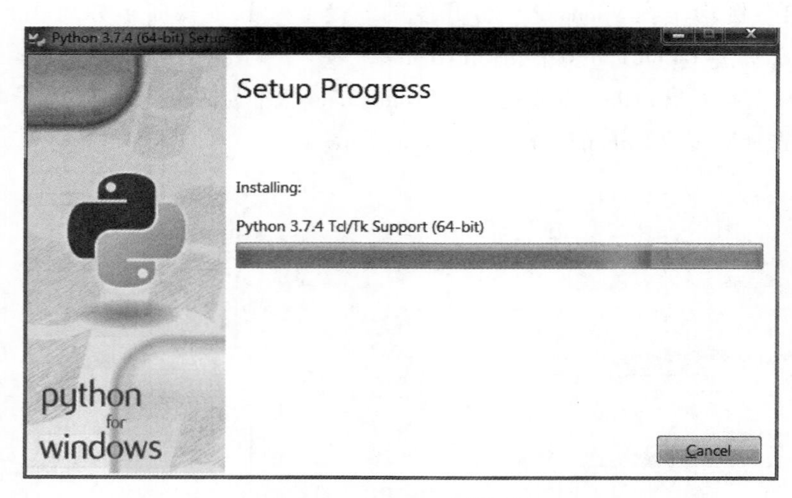

图 1–3　Python 安装过程

等图 1–3 中绿色进度条到最后时，代表安装进度为 100%，这时会进入到下一个界面，如图 1–4 所示，代表 Python 已经安装成功了。

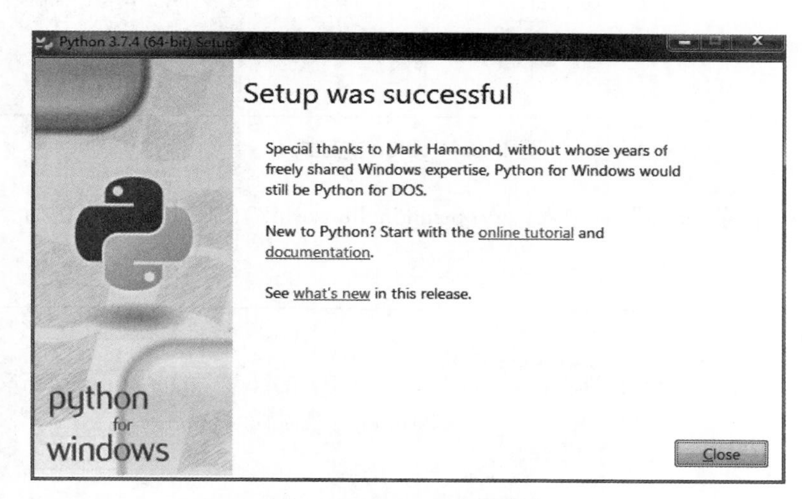

图 1–4　Python 安装成功

第三步：安装后测试是否可以正常运行。为了进一步验证 Python 是否可以正常运行，需要打开命令提示符界面，在命令行中输入 python 后按【Enter】键，如果出现界面如图 1–5 所示，则代表 Python 安装成功且可以正常使用。

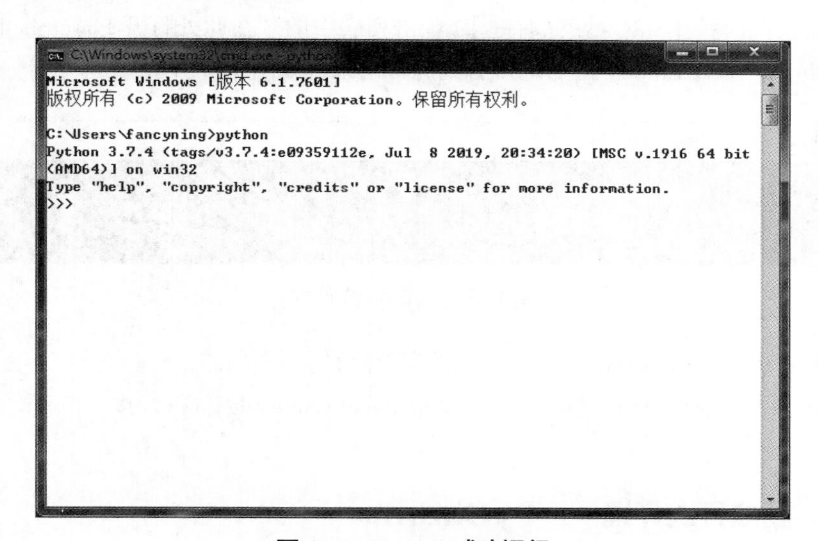

图 1–5　Python 成功运行

通过以上 3 个步骤，即可正确安装 Python。

Python 程序的运行方式有两种：交互式和文件式。

1. 交互式

交互式是逐行解释运行。选择“开始”→ Python 3.7 → IDLE 即可进入交互式环境，如图 1–6 所示。

```
Python 3.7.1 Shell
File Edit Shell Debug Options Window Help
Python 3.7.1 (v3.7.1:260ec2c36a, Oct 20 2018, 14:57:15) [MSC v.1915 64 bit (AMD6
4)] on win32
Type "help", "copyright", "credits" or "license()" for more information.
>>>
```

图 1–6 Python 交互式 1

在命令行提示符“>>>”后输入代码：print("hello world!")，按【Enter】键后，运行结果如图 1–7 所示。

```
Python 3.7.1 Shell
File Edit Shell Debug Options Window Help
Python 3.7.1 (v3.7.1:260ec2c36a, Oct 20 2018, 14:57:15) [MSC v.1915 64 bit (AMD6
4)] on win32
Type "help", "copyright", "credits" or "license()" for more information.
>>> print("hello world! ")
hello world!
>>>
```

图 1–7 Python 交互式 2

2. 文件式

创建 .py 形式的 Python 文件，此处以 hello.py 为例，在文件中写入 print("hello world!")，在该文件所在目录同时按【Shift+ 鼠标右键】，单击列表中的“在此处打开 PowerShell”选项，输入 python hello.py，按【Enter】键后即可看到运行结果，如图 1–8 所示。

```
Windows PowerShell
PS D:\PythonDemo\Test> python  hello.py
hello world!
PS D:\PythonDemo\Test> _
```

图 1–8 Python 文件式

图 1–8 中 D:\PythonDemo\Test 是 hello.py 的存储路径。

通过 cmd 进入命令行窗口，输入 python d:\pythondemo\test\hello.py，按【Enter】键后也可以看到运行结果。

1.2.2 集成开发环境——PyCharm

PyCharm 是由 JetBrains 打造的一款 Python IDE，PyCharm IDE 拥有一般 IDE 具备的功能，如调试、语法高亮、Project 管理、代码跳转、智能提示、自动完成、单元测试、版本控制等。另外，PyCharm 还提供了一些很好的功能用于 Django 开发，同时支持 Google App Engine。另外，PyCharm 支持 IronPython。

PyCharm 为用户提供了一个带编码补全、代码片段、支持代码折叠和分割窗口、可配置的编辑器等功能，可帮助用户更快更轻松地完成编码工作。PyCharm 还可以帮助用户即时从一个文件导航至另一个文件，从一个方法至其声明或者用法，甚至可以穿过类的层次。若用户能熟练使用其提供的快捷键的话还能更快。用户可使用其编码语法、错误高亮、智能检测以及一键式代码快速补全建议，使得编码更优化。

打开网址 https://www.jetbrains.com/pycharm/download/#section=windows 后可以看到 PyCharm 有两个版本可以下载：Professional 版本和 Community 版本，如图 1-9 所示。这两个版本的功能区别不大：Professional 版本是试用版，需要注册；Community 版本不需要注册，所以学习过程中选用 Community 版本即可。单击 Community 版本下方的 DOWNLOAD 按钮后进入下载页面。双击下载后的安装包即可开始安装，其界面如图 1-10 所示。

视频 1.4
PyCharm 下载

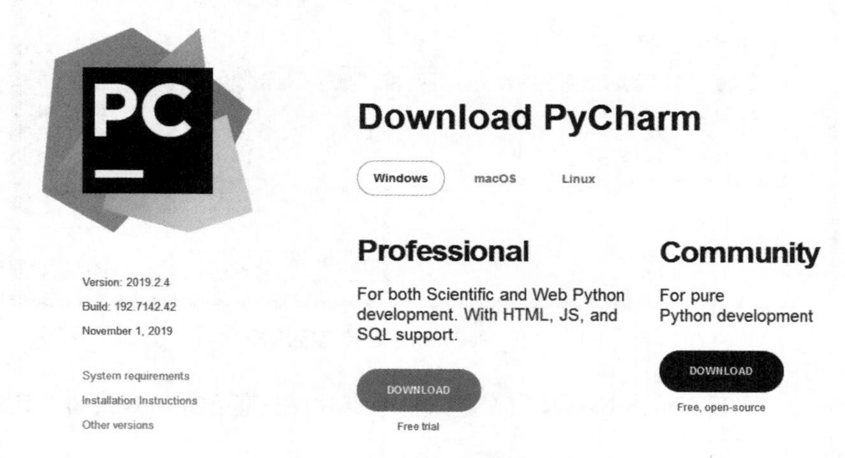

图 1-9 PyCharm 下载页面

图 1-10 PyCharm 开始安装

单击 Next 按钮进入下一步，其界面如图 1-11 所示。

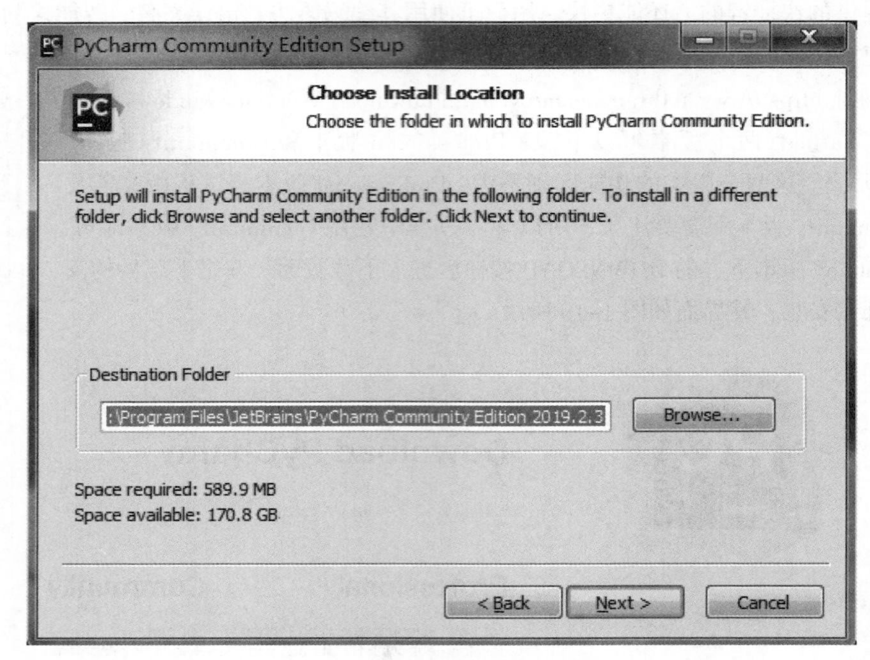

图 1-11　PyCharm 安装路径选择

选择好安装路径后，单击 Next 按钮，进入下一步后，一直单击 Next 按钮，其界面分别如图 1-12 ~ 图 1-15 所示。

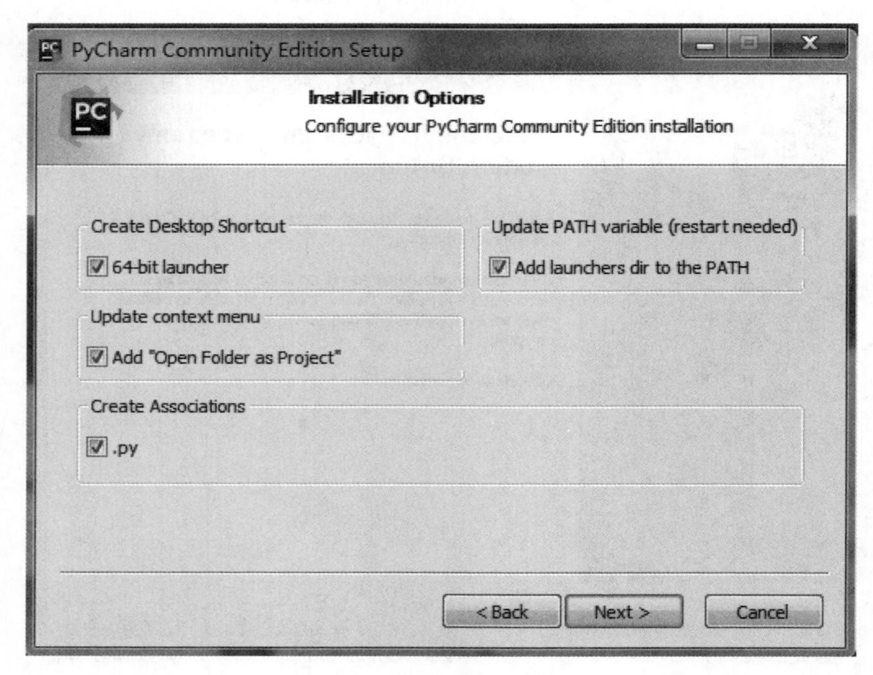

图 1-12　文件配置

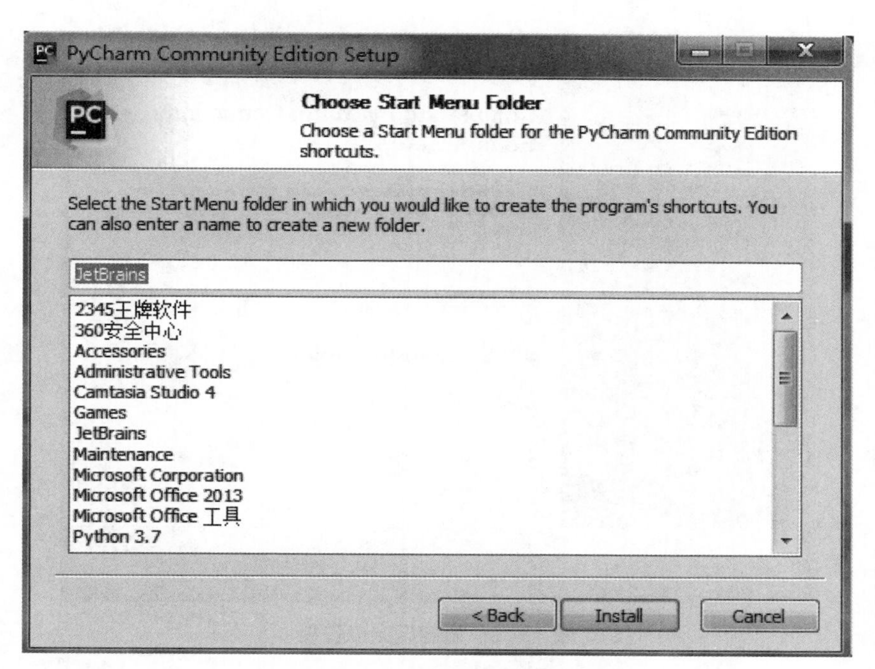

图 1-13　选择启动菜单文件

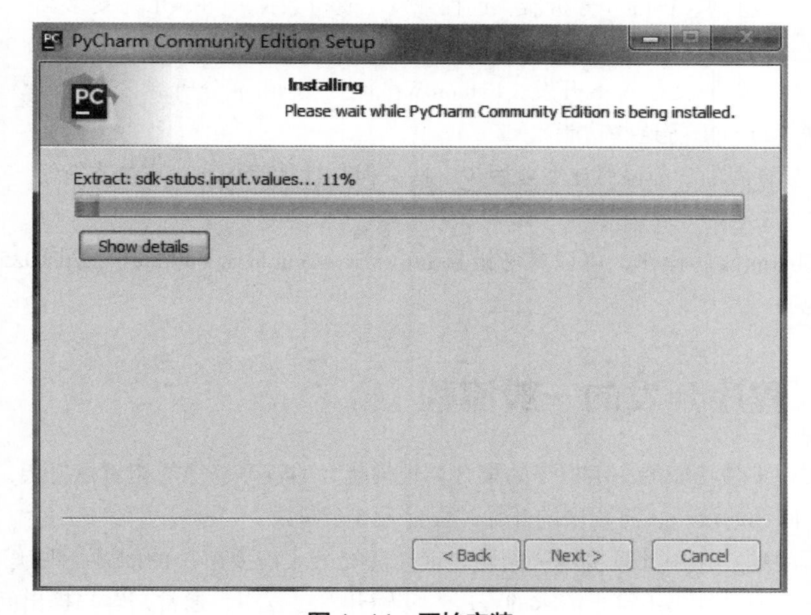

图 1-14　开始安装

除了 Professional 版本和 Community 版本以外，PyCharm 还有一个教育版。这三个版本的区别在于：

（1）收费不同。专业版是收费的，另外两个是免费的。

（2）功能不同。

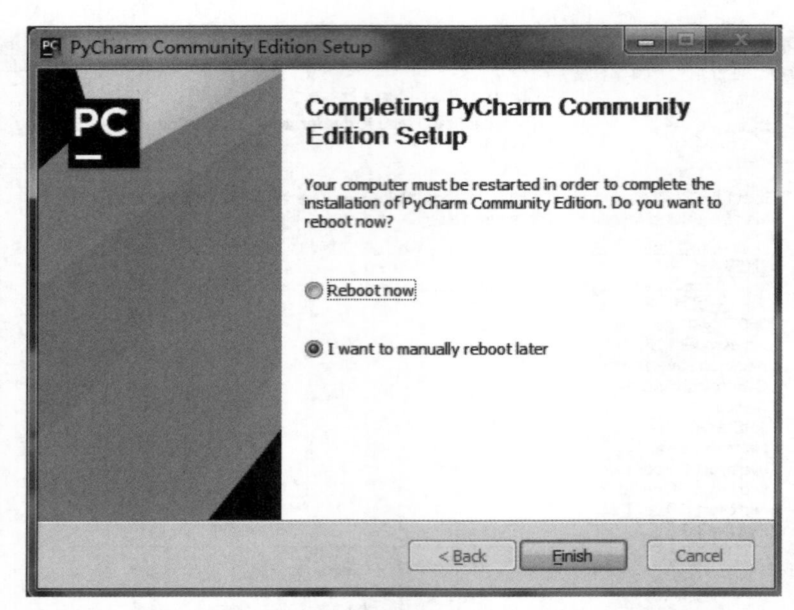

图 1-15 重启后完成安装

PyCharm 专业版的功能最丰富，与社区版相比，PyCharm 专业版增加了 Web 开发、Python We 框架、Python 分析器、远程开发、支持数据库与 SQL 等更多高级功能。

视频 1.5 PyCharm 界面设置

PyCharm 社区版中没有 Web 开发、Python We 框架、Python 分析器、远程开发、支持数据库与 SQL 等这些功能。

PyCharm 教育版的功能虽然比专业版少一些，但与社区版相比，更加支持学校的教学工作。

关于 PyCharm 如何操作，可以参考链接 https://www.cnblogs.com/du-hong/p/10250290.html 中给出的使用说明。

1.3 程序开发的一般流程 >>

程序是实现某种功能的一组指令的集合，规模越大的程序，功能相对越复杂，开发人员为了保证程序与问题的统一，将程序的开发过程分为 6 个阶段。

（1）分析问题。在用计算机解决问题之前，应充分了解要解决的问题，明确真正的需求，避免因理解偏差而设计出不符合需求的程序。实际开发过程中，通常是客户提出问题，开发者解决问题。在沟通过程中，容易产生双方理解出现歧义的情况，甚至会产生需求反复变更的情况。因此，常规的做法是充分沟通需求后，将需求整理成文档，文档中的需求描述要尽量避免产生歧义。

（2）划分边界。用 IPO 方法来描述问题，确定程序的输入（Input）、处理（Processing）、输出（Output）之间的关系。

（3）算法设计。确定程序的结构和流程。简单问题使用IPO描述，着重设计算法即可。复杂问题，要自上而下将程序分解成多个小模块，每个小模块实现一个独立的处理过程，最后还要设计各个小功能的流程。

（4）编写程序。首先要考虑选择哪一种编程语言，对不同编程语言，在性能、开发周期和可维护性等因素上做充分考量。

（5）测试与调试。测试程序的各个功能，判断是否与预期设计一致，如果存在不一致情况，应着手调试程序。这个过程通常需要多次测试与调试。

（6）升级与维护。即便程序已经投入使用，程序也不会完全完成，需求方后续通常还会提出新的需求，此时要按照新的需求为程序添加新的功能，完成对程序的升级。对于程序使用过程中可能产生的问题或者漏洞，要进一步完善程序并对其进行维护。

综上，程序开发的过程不仅仅是编写程序，分析问题、划分边界、算法设计、测试与调试、升级与维护等都是解决问题必不可少的环节。

1.4 程序编写的IPO方法

IPO（Input-Process-Output）是一种基本的程序编写方法。下面详细讲解IPO编程方法。

- I：Input输入，程序的输入。
- P：Process处理，程序的主要逻辑。
- O：Output输出，程序的输出。

（1）输入。程序的输入包括文件输入、网络输入、用户手工输入、随机数据输入、程序内部参数输入、控制台输入等。输入是一个程序的开始。

（2）处理。程序对输入进行处理，输出产生结果。处理的方法又称算法，是程序最重要的部分。可以说，算法是一个程序的灵魂。不同的算法性能有高有低，选择优秀的算法是提高程序效率的重要途径之一。

（3）输出。输出是对数据处理结果的展示与反馈。程序的输出包括屏幕显示输出、文件输出、网络输出、操作系统内部变量输出、控制台输出等。输出是一个程序展示运算成果的方式。

（4）死循环：死循环是没有输入/输出的程序。例如：

```
while True:
        print("1")
```

从处理问题的角度，死循环没有太大的意义。死循环的价值在于，它通过不间断执行，快速消耗CPU的计算资源，可以用来测试CPU性能。

IPO不仅是编写程序的基本方法，也是在设计程序时描述问题的方式。

小　结

本章介绍了Python 3.x版本的发布时间、特点和应用领域，之后介绍了在Windows系统中配置Python开发环境和运行方式，以及PyCharm的安装，最后简单介绍了程序的开发流程和编写方式。通过本章学习，希望读者能够熟练搭建 Python 开发环境，并了解程序设计的流程与编写程序的基本方法。

习　题

1. 简述 Python 的应用领域。
2. 简述 PyCharm 三种版本之间的区别。
3. 简述 IPO 编程模式。

第2章 Python基础语法

同其他计算机语言一样，Python 语言也有自己独特的语法结构，Python 语法是编写 Python 程序的基础。前面介绍了 Python 语言的特点，本章将对 Python 基础语法进行详细的介绍。

2.1 基本语法 >>

1. 注释

为确保对模块、函数、方法和行内注释使用正确的风格，Python 中的注释有单行注释和多行注释。

Python 中单行注释以 # 开头，例如：

```
# 这是一个单行注释
print("Hello, World!")
```

执行以上代码，输出结果为：

```
Hello, World!
```

注释可以在语句或表达式行末：

```
name = "Hello, World!" # 这是一个注释
```

Python 中多行注释使用三个单引号（'''）或三个双引号（"""）。

```
'''
这是多行注释，使用单引号。
这是多行注释，使用单引号。
这是多行注释，使用单引号。
'''
"""
这是多行注释，使用双引号。
这是多行注释，使用双引号。
这是多行注释，使用双引号。
"""
```

2. 等待用户输入

下面的程序执行后就会等待用户输入，按【Enter】键后就会退出：

```
input("按下 enter 键退出，其他任意键显示 ...\n")
```

以上代码中，\n 实现换行。用户按【Enter】键退出，按其他键显示 ...。

3. 同一行输入多条语句

Python 可以在同一行中输入多条语句，语句之间使用分号（;）分隔，以下是一个简单的实例：

```
str='Hello World!';print(str)
```

4. print() 输出

print() 默认输出是换行的，如果要实现不换行需要在变量末尾加上逗号。

```
x="a"
y="b"
# 换行输出
print(x)
print(y)
print('---------')
# 不换行输出
print(x,y)
```

5. 多行语句

Python 语句中一般以新行作为语句的结束符。但是可以使用斜杠（\）将一行语句分为多行显示，如下所示：

```
total=1 + \
      2 + \
      3
```

语句中包含 []、{} 或 () 括号就不需要使用多行连接符。如下实例：

```
days=['Monday', 'Tuesday', 'Wednesday',
           'Thursday', 'Friday']
```

6. 行与缩进

Python 与其他语言的最大区别是，Python 的代码块不使用大括号 {} 来控制类、函数以及其他逻辑判断。Python 最具特色的就是用缩进来写模块。

缩进的空格数量是可变的，但是所有代码块语句必须包含相同的缩进空格数量，此规则必须严格执行。以下实例缩进为两个空格：

```
if True:
  print("True")
else:
  print("False")
```

下面的代码执行将会发生错误：

```
if True:
  print("YES")
  print("True")
else:
  print("else")
  # 没有严格缩进，在执行时会报错
      print("False")
```

执行以上代码，会出现如下错误提醒：

```
File "test1.py", line 7
    print("False")
IndentationError: unindent does not match any outer indentation level
```

IndentationError: unindent does not match any outer indentation level 错误表明，使用的缩进方式不一致，有的是【Tab】键缩进，有的是空格缩进，改为一致即可。

所以，Python 对格式要求非常严格。在 Python 的代码块中必须使用相同数目的行首缩进空格数。建议在每个缩进层次使用单个制表符、两个空格或四个空格，切记不能混用。

2.2 Python 变量及变量类型 >>

变量是存储在内存中的值。这就意味着在创建变量时会在内存中开辟一个空间。基于变量的数据类型，解释器会分配指定内存，并决定什么数据可以被存储在内存中。因此，变量可以指定不同的数据类型，这些变量可以存储整数、小数或字符。

1. 变量和变量赋值

Python 是一门弱类型语言，弱类型包含两方面的含义：所有的变量无须声明即可使用，或者说对从未用过的变量赋值就是声明了该变量；变量的数据类型可以随时改变，同一个变量可以一会儿是数值型，一会儿是字符串型。

1）变量赋值

Python 中的变量赋值不需要类型声明。每个变量在内存中创建，都包括变量的标识、名称和数据等信息。每个变量在使用前都必须赋值，变量赋值以后该变量才会被创建。

等号（=）用来给变量赋值。等号运算符左边是一个变量名，等号运算符右边是存储在变量中的值。例如：

```
counter = 100    # 赋值整型变量
price = 1000.0   # 浮点型
name = "John"    # 字符串
```

2）多个变量赋值

Python 允许同时为多个变量赋值。例如：

```
a = b = c = 100
```

以上语句中，三个变量被分配到相同的内存空间上。也可以为多个对象指定多个变量。例如：

```
a, b, c = 10, 20, "john"
```

以上实例，两个整型对象 10 和 20 分别分配给变量 a 和 b，字符串对象 "john" 分配给变量 c。

如果想查看变量的类型，可以使用 Python 的 type() 内置函数。

```
>>> a,b,c=10,20,"john"
>>> print(type(a)),print(type(b)),print(type(c))
<class 'int'>
<class 'int'>
<class 'str'>
```

可以看到，a、b、c 的类型分别是 int、int、str（分别表示整型、整型、字符串类型）。

2. 变量类型

在内存中存储的数据可以有多种类型。例如，一个学生的年龄可以用数字来存储，他的学号可以用字符串来存储。Python 定义了一些标准类型，用于存储各种类型的数据。Python 中有 6 个标准的数据类型：数值型（number）、字符串型（string）、布尔型（boolean）、列表型（list）、元组型（tuple）、字典型（dictionary）。

1）数值型

Python 中数值类型的值都是不可改变的，也就是说，如果要修改数值类型变量的值，那么其底层实现的过程是：先将新值存放到内存中，然后修改变量让其指向新的内存地址。换句话说，Python 中修改数值类型变量的值，其实只是修改变量名所表示的内存空间。Python 中的数值类型主要包括整型、浮点型和复数型。

（1）整型。整型专门用来表示整数，即没有小数部分的数。在 Python 中，整数包括正整数、0 和负整数。和其他强类型语言不同，那些强类型语言会提供多种整型类型，开发者要根据数值的大小，分别用不同的整型类型存储，以 C 语言为例，根据数值的大小，开发者要合理选择 short、int、long 整型类型存储，大大增加了开发难度。

Python 则不同，它的整型支持存储各种整数值，无论多大或者多小，Python 都能轻松处理（当所用数值超过计算机自身的计算功能时，Python 会自动转用高精度计算）。例如下面的程序：

```
# 定义变量 a，赋值为 100
a = 100
print(a)
# 为 a 赋值一个大整数
a = 9999999999999999999999
print(a)
#type() 函数用于返回变量的类型
print(type(a))
```

在 Python 3.x 中运行上面程序，可以看到如下输出结果：

```
100
9999999999999999999999
<class 'int'>
```

如果在 Python 2.x 中运行上面程序，由于输入的数值比较大，Python 会自动在其后面加上字母 L（或小写字母 l），如下输出结果：

```
100
9999999999999999999999L
<type 'long'>
```

对比两种输出结果，不难发现：不管是 Python 3.x 还是 Python 2.x，Python 完全可以正常处理很大的整数，只是 Python 2.x 底层会将大整数当成 long 类型处理，但开发者通常不需要考虑这种细节。

除此之外，Python的整型还支持None值（空值），例如如下代码：

```
a = None
print(a) #什么都不输出
```

Python的整型数值有4种表示形式：

● 十进制形式：最普通的整数就是十进制形式的整数，在使用十进制表示整数值时，不能以0（零）作为十进制数的开头（数值是0除外）。

● 二进制形式：由0和1组成，以0b或0B开头。例如，101对应十进制数是5。

● 八进制形式：八进制整数由0 ~ 7组成，以0o或0O开头（第一个字母是零，第二个字母是大写或小写的O）。需要注意的是，在Python 2.x中，八进制数值还可以直接以0（零）开头。

视频2.1 不同类型的转换

● 十六进制形式：由0 ~ 9以及A ~ F（或a ~ f）组成，以0x或0X开头。

下面的代码演示了不同形式的整数：

```
#以0x或0X开头的整型数值是十六进制形式的整数
hex_value1 = 0x13
hex_value2 = 0xaF
print("hexValue1 的值为:",hex_value1)
print("hexValue2 的值为:",hex_value2)
#以0b或0B开头的整型数值是二进制形式的整数
bin_val = 0b111
print('bin_val的值为:',bin_val)
bin_val = 0B101
print('bin_val的值为:',bin_val)
#以0o或0O开头的整型数值是八进制形式的整数
oct_val = 0o54
print('oct_val 的值为:',oct_val)
oct_val = 0O17
print('oct_val 的值为:',oct_val)
```

运行结果为：

```
hexValue1 的值为:19
hexValue2 的值为:175
bin_val的值为:7
bin_val的值为:5
oct_val 的值为:44
oct_val 的值为:15
```

为了提高数值（包括浮点型）的可读性，Python 3.x允许为数值（包括浮点型）增加下画线作为分隔符。这些下画线并不会影响数值本身。例如如下代码：

```
#在数值中使用下画线
million_one = 1000000
print(million_one)
```

```
price = 111_222_333      #price 实际的值为 111222333
total = 1234_1234        #total 实际的值为 12341234
```

（2）浮点型。浮点型数值用于保存带小数点的数值，Python 的浮点数有两种表示形式：

● 十进制形式：这种形式就是平常简单的浮点数，例如 5.12、512.0、0.512。浮点数必须包含一个小数点，否则会被当成整数类型处理。

视频 2.2 浮点数

● 科学计数形式：例如 5.12e2（即 5.12×10^2）、5.12E2（即 5.12×10^2）。

必须指出的是，只有浮点型数值才可以使用科学计数形式表示。例如 51200 是一个整型值，但 512E2 则是浮点型值。

下面程序示范了上面介绍的关于浮点数的各个知识点：

```
af1 = 5.2345556
# 输出 af1 的值
print("af1 的值为:",af1)
af2 = 25.2345
print("af2 的类型为:",type(af2))
f1=5.12e2
print("f1 的值为:",f1)
f2 = 5e3
print("f2 的值为:",f2)
print("f2 的类型为:",type(f2))
# 输出 f2 类型为 float
```

运行结果为：

```
af1 的值为: 5.2345556
af2 的类型为: <class 'float'>
f1 的值为: 512.0
f2 的值为: 5000.0
f2 的类型为: <class 'float'>
```

（3）复数型。Python 支持复数，复数的虚部用 j 或 J 来表示。

下面代码示范了复数的使用：

```
ac1 = 3 + 0.2j
print (ac1)
print(type(ac1))        # 输出复数类型
ac2 = 4 - 0.1j
print(ac2)              # 复数运行
print(ac1 + ac2)        # 输出 (7+0.1j)
# 导入 cmath 模块
import cmath
#sqrt() 是 cmath 模块下的商数，用于计算平方根
ac3 = cmath.sqrt(-1)
print (ac3)             # 输出 1j
```

视频 2.3 复数

运行结果为：

```
(3+0.2j)
<class 'complex'>
(4-0.1j)
(7+0.1j)
1j
```

2）字符串型

字符串就是“一串字符”，也就是用引号括起来的任何数据，比如 "Hello,World" 是一个字符串，"12345" 也是一个字符串。

Python 要求，字符串必须使用引号括起来，可以使用单引号或者双引号，只要成对即可。字符串中的内容可以包含任何字符。

字符串是用单引号括起来，还是用双引号括起来，在 Python 语言中，它们没有任何区别，例如：

```
var1 = 'Hello World!'
var2 = "Python Runoob"
print(var1)
print(var2)
```

如果字符串内容本身包含了单引号或双引号，此时就需要进行特殊处理：使用不同的引号将字符串括起来。假如字符串内容中包含了单引号，则可以使用双引号将字符串括起来。例如：

```
str3 = 'I'm a coder'
```

由于上面字符串中包含了单引号，此时 Python 会将字符串中的单引号与第一个单引号配对，这样就会把 'I' 当成字符串，而后面的 m a coder' 就变成了多余的内容，从而导致语法错误。为了避免这种问题，可以将上面代码改为如下形式：

```
str3 = "I'm a coder"
```

上面代码使用双引号将字符串括起来，此时 Python 就会把字符串中的单引号当成字符串内容，而不是和字符串开始的引号配对。

假如字符串内容本身包含双引号，则可使用单引号将字符串括起来，例如：

```
str4 = '"Spring is here,let us jam!", said woodchuck.'
```

Python 允许使用反斜线（\）将字符串中的特殊字符进行转义。假如字符串既包含单引号又包含双引号，此时就可以使用转义字符，例如：

```
str5 = '"we are scared,Let\'s hide in the shade",says the bird'
```

通过使用转义字符，向 Python 解释器表明了此单引号并不是和最前面的单引号进行配对的另一半，从而避免了语法错误。

Python 允许使用转义字符（\）对换行符进行转义，转义之后的换行符不会“中断”字符串。例如：

```
s = 'The quick brown and white fox \
jumps over the lazy frog'
print(s)
```

上面 s 字符串的内容较长，故程序使用了转义字符（\）对内容进行了转义，这样就可以把一个字符串写成两行。

同样的，Python 的表达式也不允许随便换行。但如果程序需要对 Python 表达式换行，就需要使用转义字符（\），例如：

```
num = 20 + 3 / 4 + \
2 * 3
print(num)
```

上面程序中有一个表达式，为了对该表达式换行，代码用到了转义字符。

（1）长字符串。前面介绍 Python 多行注释时，提到使用三个引号（单引号、双引号都行）来包含多行注释内容，其实这是长字符串的写法，只是由于在长字符串中可以放置任何内容，包括放置单引号、双引号如果所定义的长字符串没有赋值给任何变量，那么这个字符串就相当于被解释器忽略了，也就相当于注释。

使用三个引号括起来的长字符串可以赋值给变量，例如：

```
s = '''"Let's go fishing", said Mary."OK, Let's go", said Rose.they walked to a lake.'''
print(s)
```

程序运行结果如下：

```
"Let's go fishing", said Mary."OK, Let's go", said Rose.they walked to a lake.
```

上面程序使用三个引号定义了长字符串，该长字符串中既包含单引号，也包含双引号。

当程序中有大段文本内容要定义成字符串时，优先推荐使用长字符串形式，因为这种形式非常强大，可以让字符串中包含任何内容。

（2）原始字符串。由于字符串中的反斜线都有特殊作用，因此当字符串中包含反斜线时，就需要使用转义字符 \ 对字符串中包含的反斜线（'\'）进行转义。

比如说，要写一个关于 Windows 路径 E:\python\codes\10\10.4 字符串，如果在 Python 程序中直接这样写肯定是不行的，需要使用 \ 转义字符，对字符串中每个 '\' 进行转义，即写成 Windows 路径 E:\\python\\codes\\10\\10.4 形式才行。

这种形式比较烦琐，更好的解决办法是借助于原始字符串解决这个问题。

原始字符串以“r”开头，它不会把反斜线（'\'）当成特殊字符。因此，上面的 Windows 路径可直接写成如下形式：

```
s1 = r'E:\python\codes\10\10.4'
print(s1)
```

程序运行结果如下：

```
E:\python\codes\10\10.4
```

如果原始字符串中包含引号，程序同样需要对引号进行转义（否则 Python 无法对字符串的引号精确配对），但此时用于转义的反斜线会变成字符串的一部分。例如如下代码：

```
# 原始字符串包含的引号，同样需要转义
s2 = r'"Let\'s go", said Mary'
print(s2)
```

上面代码的输出结果如下：

```
"Let\'s go", said  Mary
```

3）布尔型

布尔型就是用于代表某个事情的真（对）或假（错），如果这个事情是正确的，用 True（或 1）代表；如果这个事情是错误的，用 False（或 0）代表。

True 和 False 是 Python 中的关键字，当作为 Python 代码输入时，一定要注意字母的大小写，否则解释器会报错。

布尔型可以当作整数来对待，即 True 相当于整数值 1，False 相当于整数值 0。

4）列表型

列表是 Python 中内置有序可变序列，列表的所有元素放在一对中括号“[]”中，并使用逗号分隔开，如下所示：

```
[element1,element2,element3,...,elementn]
```

格式中，element1 ~ elementn 表示列表中的元素，个数没有限制，只要是 Python 支持的数据类型即可。

列表可以存储整数、实数、字符串、列表、元组等任何类型的数据，并且和数组不同的是，在同一个列表中元素的类型也可以不同。例如：

```
["Python" , 1 , [2,3,4] , 3.0]
```

可以看到，列表中同时包含字符串、整数、列表、浮点数等数据类型。一个列表中的数据类型甚至可以是列表、字典以及其他自定义类型的对象。

列表的数据类型是 list，通过 type() 函数就可以查看，例如：

```
>>> type(["Python" , 1 , [2,3,4] , 3.0])
<class 'list'>
```

列表中值的切割也可以用到变量 [头下标 : 尾下标]，就可以截取相应的列表，从左到右索引默认从 0 开始，从右到左索引默认从 -1 开始，下标可以为空表示取到头或尾。加号“+”是列表连接运算符，星号“*”是重复操作。具体代码如下：

```
list = [ 'Hello', 786 , 2.23, 'john', 70.2 ]
tinylist = [123, 'john']
print(list)                # 输出完整列表
print(list[0])             # 输出列表的第一个元素
print(list[1:3])           # 输出第二个至第三个元素
print(list[2:])            # 输出从第三个开始至列表末尾的所有元素
print(tinylist * 2)        # 输出列表两次
print(list + tinylist)     # 打印组合的列表
```

视频 2.4
列表的操作

运行结果如下：

```
['Hello', 786, 2.23, 'john', 70.2]
Hello
[786, 2.23]
[2.23, 'john', 70.2]
[123, 'john', 123, 'john']
['Hello', 786, 2.23, 'john', 70.2, 123, 'john']
```

5）元组型

元组是 Python 中另一个重要的序列结构，和列表类似，由一系列按特定顺序排序的元素组成。和列表不同的是：列表可以任意操作元素，是可变序列；而元组是不可变序列，即元组中的元素不可以单独修改。

元组的所有元素都放在一对小括号“()”中，相邻元素之间用逗号“,”分隔，如下所示：

```
(element1, element2, ... , elementn)
```

其中 element1 ~ elementn 表示元组中的各个元素，个数没有限制，且只要是 Python 支持的数据类型即可。从存储内容上看，元组可以存储整数、实数、字符串、列表、元组等任何类型的数据，并且在同一个元组中，元素的类型可以不同，例如：

```
("Python",1,[2,'a'],("abc",3.0))
```

在这个元组中，有多种类型的数据，包括字符串、整型、列表、元组。

通常，列表的数据类型是 list，那么元组的数据类型是什么呢？通过 type() 函数，就可以查看到元组的数据类型，例如：

```
>>> type(("Python",1,[2,'a'],("abc",3.0)))
<class 'tuple'>
```

可以看到，元组是 tuple 类型。

6）字典型

和列表相同，字典也是许多数据的集合，属于可变序列类型。但是，它是无序的可变序列，字典中的元素是以“键值对”的形式存放的。

字典类型是 Python 中唯一的映射类型。字典中，习惯将各元素对应的索引称为键（key），各个键对应的元素称为值（value），键及其关联的值称为“键值对”。字典的每个键值对（key:value）用冒号“:”分隔，每个键值对之间用逗号“,”分隔，整个字典包括在花括号 {} 中。格式如下所示：

```
d = {key1 : value1, key2 : value2 }
```

字典中，键一般是唯一的，如果重复，最后的一个键值对会替换前面的，值不需要唯一。和列表、元组一样，字典也有自己的类型。在 Python 中，字典的数据类型为 dict，通过 type() 函数即可查看，例如：

```
>>> d = {'one':1,'two':2,'three':3}     #a 是一个字典类型
>>> type(d)
<class 'dict'>
```

2.3 标识符和关键字

1. 标识符

标识符就是一个名字，就好像每个人都有自己的名字，它的主要作用就是作为变量、函数、类、模块以及其他对象的名称。Python 中标识符的命名不是随意的，需是要遵守一定的命令规则，比如说：

（1）标识符是由字符（A ~ Z 和 a ~ z）、下画线和数字组成，但第一个字符不能是数字。

（2）标识符不能和 Python 中的保留字相同。有关保留字，后续内容会详细介绍。

（3）Python 中的标识符不能包含空格、@、% 及 $ 等特殊字符。

例如，下面所列举的标识符是合法的：

```
UserName
pwd
Mode10
user_id
```

以下命名的标识符不合法：

```
4word       # 不能以数字开头
if          # if 是保留字，不能作为标识符
$dollar     # 不能包含特殊字符
```

（4）在 Python 中，标识符中的字母是严格区分大小写的，也就是说，两个同样的单词，如果大小写格式不同，则代表的意义也不同。例如，下面这 3 个变量就是完全独立、毫无关系的。

```
number = 0
Number = 0
NUMBER = 0
```

（5）在 Python 语言中，以下画线开头的标识符有特殊含义，例如：

● 以单下画线开头的标识符（如 _width），表示不能直接访问的类属性，其无法通过 from...import* 的方式导入。

● 以双下画线开头的标识符（如 __add）表示类的私有成员。

● 以双下画线作为开头和结尾的标识符（如 __init__），是专用标识符。

因此，除非特定场景需要，应避免使用以下画线开头的标识符。

标识符的命名，除了要遵守以上几条规则外，不同场景中的标识符，其名称也有一定的规范可循，例如：

● 当标识符用作模块名时，应尽量短小，并且全部使用小写字母，可以使用下画线分隔多个字母，例如 game_mian、game_register 等。

● 当标识符用作包的名称时，应尽量短小，也全部使用小写字母，不推荐使用下画线，例如 com.mr、com.mr.book 等。

● 当标识符用作类名时，应采用单词首字母大写的形式。例如，定义一个图书类，可以命名为 Book。

● 模块内部的类名，可以采用“下画线 + 首字母大写”的形式，如 _Book。函数名、类中的属性名和方法名，应全部使用小写字母，多个单词之间可以用下画线分隔；常量命名应全部使用大写字母，单词之间可以用下画线分隔。

遵循以上规范，可以更加直观地了解代码所代表的含义。

2. 关键字

关键字是 Python 语言中一些已经被赋予特定意义的单词，这就要求开发者在开发程序时，不能用这些关键字作为标识符给变量、函数、类、模板以及其他对象命名。

执行如下命令可以查看 Python 包含的关键字：

```
>>> import keyword
>>> keyword.kwlist
['False', 'None', 'True', 'and', 'as', 'assert', 'async', 'await','break',
'class', 'continue', 'def', 'del', 'elif', 'else', 'except', 'finally', 'for',
'from', 'global', 'if', 'import', 'in', 'is', 'lambda', 'nonlocal', 'not','or',
'pass', 'raise', 'return', 'try', 'while', 'with', 'yield']
```

2.4 数据类型转换 >>

虽然 Python 是弱类型编程语言，不需要像 Java 或 C 语言那样在使用变量前声明变量的类型，但在一些特定场景中，仍然需要用到类型转换。

例如，通过 print() 函数输出信息“您的成绩：”及浮点类型 score 的值，如果在交互式解释器中执行如下代码：

```
>>> score = 70.0
>>> print(" 您的成绩 :"+score)
 Traceback (most recent call last):
   File "<pyshell#1>", line 1, in <module>
     print(" 您的成绩 :"+score)
 TypeError: can only concatenate str<not "float">to str
```

解释器提示我们字符串和浮点类型变量不能直接相连，需要提前将浮点类型变量 score 转换为字符串才可以。

Python 已经为我们提供了多种可实现数据类型转换的函数，如表 2-1 所示。

表 2-1 常用的数据类型转换函数

函 数	说 明
int(x [,base])	将 x 转换为一个整数
long(x [,base])	将 x 转换为一个长整数（注意 Python 3 中没有 long，Python 2 中有）
float(x)	将 x 转换为一个浮点数
complex(real [,imag])	创建一个复数
str(x)	将对象 x 转换为字符串
repr(x)	将对象 x 转换为表达式字符串

续表

函　数	说　明
eval(str)	用来计算在字符串中的有效 Python 表达式，并返回一个对象
tuple(s)	将序列 s 转换为一个元组
list(s)	将序列 s 转换为一个列表
chr(x)	将一个整数转换为一个字符
ord(x)	将一个字符转换为它的整数值
hex(x)	将一个整数转换为一个十六进制字符串
oct(x)	将一个整数转换为一个八进制字符串

需要注意的是，在使用类型转换函数时，提供给它的数据必须是有意义的。例如，int() 函数无法将一个非数字字符串转换成整数。

具体数据类型转换的例子如下：

```
>>> v1 = "30.05"
>>> v2= "abc"
>>> v3 = 9.99
>>> print(float(v1))
30.05
>>> print(float(v2))  #报错，强制类型转换的前提是对应类型的数据，abc 不是 float 类型
Traceback (most recent call last):
File "<stdin>", line 1, in <module>
ValueError: could not convert string to float: 'abc'
>>> print(int(v3))  #同样 number 类型是可以转换的，但是可能会失去精度
9
>>> print(int(v1))
Traceback (most recent call last):
File "<stdin>", line 1, in <module>
ValueError: invalid literal for int() with base 10: '30.05'
>>> print(int(float(v1)))  #类型转换可以进行多层嵌套使用
30
```

视频 2.5
数据类型
转换

2.5　Python 运算符 >>

本节主要说明 Python 的运算符。例如：1 + 2 = 3。1 和 2 称为操作数，“+” 称为运算符。Python 语言主要支持以下类型的运算符：算术运算符、比较（关系）运算符、赋值运算符、逻辑运算符、位运算符、成员运算符。

2.5.1　算术运算符

算术运算符是处理四则运算的符号，在数字处理中应用最多。Python 支持所有基本算术运算符，如表 2–2 所示。

表 2-2　算术运算符

运 算 符	说 明	实 例	结 果
+	加	12.45 + 15	27.45
-	减	4.56 - 0.26	4.3
*	乘	5 * 3.6	18.0
/	除	7 / 2	3.5
%	取余，即返回除法的余数	7 % 2	1
//	整除，返回商的整数部分	7 // 2	3
**	幂，即返回 x 的 y 次方	2 ** 4	16，即 2^4

下面代码演示了算术运算符的使用：

```
a = 21
b = 10
c = 0
c = a + b
print(" a + b 的值为:", c )
c = a - b
Print( "a - b 的值为:", c )
c = a * b
Print( "a * b 的值为:", c )
c = a / b
Print( "a / b 的值为:", c )
c = a % b
print("a % b 的值为:", c)
# 修改变量 a 、b 、c
a = 2
b = 3
c = a**b
print("a**b 的值为:", c)
a = 10
b = 5
c = a//b
print("a//b 的值为:", c)
```

视频 2.6
算术运算符

程序的运行结果如下：

```
a + b 的值为: 31
a - b 的值为: 11
a * b 的值为: 210
a / b 的值为: 2.1
a % b 的值为: 1
a**b 的值为: 8
a//b 的值为: 2
```

2.5.2 比较（关系）运算符

比较运算符又称关系运算符，用于对常量、变量或表达式的结果进行大小、真假等比较，如果比较结果为真，则返回 True；反之，则返回 False。Python 支持的比较运算符及其功能如表 2-3 所示。

表 2-3　Python 比较运算符及其功能

比较运算符	功　能
>	大于，如果运算符前面的值大于后面的值，则返回 True；否则返回 False
>=	大于等于，如果运算符前面的值大于或等于后面的值，则返回 True；否则返回 False
<	小于，如果运算符前面的值小于后面的值，则返回 True；否则返回 False
<=	小于等于，如果运算符前面的值小于或等于后面的值，则返回 True；否则返回 False
==	等于，如果运算符前面的值等于后面的值，则返回 True；否则返回 False
!=	不等于，如果运算符前面的值不等于后面的值，则返回 True；否则返回 False
is	判断两个变量所引用的对象是否相同，如果相同则返回 True
is not	判断两个变量所引用的对象是否不相同，如果不相同则返回 True

以下实例演示了 Python 所有比较运算符的操作：

视频 2.7
比较运算符

```
a = 30
b = 10
if  a == b:
   print("1 - a 等于 b")
else:
   print("1 - a 不等于 b")
if  a != b:
   print("2 - a 不等于 b")
else:
   print("2 - a 等于 b")
 if  a < b:
   print("3 - a 小于 b")
else:
   print("3 - a 大于等于 b")
if  a > b:
   print("4 - a 大于 b")
else:
   print("4 - a 小于等于 b" )
# 修改变量 a 和 b 的值
a = 5
b = 20
if  a <= b:
   print("5 - a 小于等于 b")
else:
   print("5 - a 大于 b" )
```

```
if  b >= a:
   print("6 - b 大于等于 a")
else:
   print("6 - b 小于 a")
```

以上实例的输出结果如下：

```
1 - a 不等于 b
2 - a 不等于 b
3 - a 大于等于 b
4 - a 大于 b
5 - a 小于等于 b
6 - b 大于等于 a
```

在 Python 中，is 与 == 有本质上的区别。== 用来比较两个变量的值是否相等，而 is 则用来比对两个变量引用的是否是同一个对象。例如：

```
import time
# 获取当前时间
a = time.gmtime()
b = time.gmtime()
print(a == b)        # a和b两个时间相等，输出 True
print(a is b)        # a和b不是同一个对象，输出 False
```

上面代码中，a、b 两个变量都代表当前系统时间，因此 a、b 两个变量的时间值是相等的（代码运行速度很快，能保证是同一时间），故程序使用“==”判断返回 True。但由于 a、b 两个变量分别引用不同的对象（每次调用 gmtime() 函数都返回不同的对象），因此 a is b 返回 False。

那么，如何判断两个变量是否属于一个对象呢？ Python 提供了一个全局的 id() 函数，它可以用来判断变量所引用对象的内存地址（相当于对象在计算机内存中存储位置的门牌号），如果两个对象所在的内存地址相同，则说明这两个对象其实是同一个对象。例如：

```
>>> a='abc'
>>> b='abc'
>>> id(a)
2720302757008
>>> id(b)
2720302757008
>>> a is b
True
```

2.5.3 赋值运算符

Python 使用“=”作为赋值运算符，常用于将表达式的值赋给另一个变量。“=”赋值运算符还可与其他运算符（算术运算符、位运算符等）结合，成为功能更强大的赋值运算符，如表 2–4 所示。

表 2-4　赋值运算符

运 算 符	说　明	举 例 说 明	结　果
=	最基本的赋值运算	x = y	x = y
+=	加赋值	x += y	x = x + y
-=	减赋值	x -= y	x = x - y
*=	乘赋值	x *= y	x = x * y
/=	除赋值	x /= y	x = x / y
%=	取余数赋值	x %= y	x = x % y
**=	幂赋值	x **= y	x = x ** y
//=	取整数赋值	x //= y	x = x // y
&=	按位与赋值	x &= y	x = x & y
|=	按位或赋值	x |= y	x = x | y
^=	按位异或赋值	x ^= y	x = x ^ y
<<=	左移赋值	x <<= y	x = x << y，这里的 y 指的是左移的位数
>>=	右移赋值	x >>= y	x = x >> y，这里的 y 指的是右移的位数

赋值运算符举例如下：

```
a = 1
b = 2
a += b
print("a+b=",a)
a -= b
print("a-b=",a)
a *= b
print("a*b=",a)
a /= b
print("a/b=",a)
a %= b
print("a%b=",a)
c = 0
d = 2
c &= d
print("c&d=",c)
c |= d
print("c|d=",c)
```

视频 2.8
赋值运算符

运行结果为：

```
a+b= 3
a-b= 1
a*b= 2
a/b= 1.0
a%b= 1.0
c&d= 0
c|d= 2
```

2.5.4 逻辑运算符

逻辑运算符是对真和假两种布尔值进行运算（操作 bool 类型的变量、常量或表达式），逻辑运算的返回值也是 bool 类型值。

Python 中的逻辑运算符主要包括 and（逻辑与）、or（逻辑或）、not（逻辑非），它们的具体用法和功能如表 2–5 所示。

表 2–5 逻辑运算符

运 算 符	逻辑表达式	描 述	举例（变量 a 为 10，b 为 20）
and	x and y	如果 x 为 False，x and y 返回 False，否则返回 y 的计算值	(a and b) 返回 20
or	x or y	如果 x 是非 0，返回 x 的值，否则返回 y 的计算值	(a or b) 返回 10
not	not x	如果 x 为 True，返回 False；如果 x 为 False，返回 True	not(a and b) 返回 False

2.5.5 位运算符

按位运算符是把数字看作二进制来进行计算的。Python 中的按位运算法则如表 2–6 所示。

表 2–6 位运算符

运 算 符	描 述	举例（a = 0011 1100 b = 0000 1101）
&	按位与运算符：参与运算的两个值，如果两个相应位都为 1，则该位的结果为 1，否则为 0	(a & b) 输出结果 12，二进制解释：0000 1100
|	按位或运算符：只要对应的两个二进位有一个为 1 时，结果就为 1	(a | b) 输出结果 61，二进制解释：0011 1101
^	按位异或运算符：当两个对应的二进位相异时，结果为 1	(a ^ b) 输出结果 49，二进制解释：0011 0001
~	按位取反运算符：对数据的每个二进制位取反，即把 1 变为 0、把 0 变为 1。~x 类似于 –x–1	(~a) 输出结果 –61，二进制解释：1100 0011
<<	左移动运算符：运算数的各二进制位全部左移若干位，由 << 右边的数字指定移动的位数，高位丢弃，低位补 0	a << 2 输出结果 240，二进制解释：1111 0000
>>	右移动运算符：把“>>”左边的运算数的各二进制位全部右移若干位，>> 右边的数字指定了移动的位数	a >> 2 输出结果 15，二进制解释：0000 1111

2.5.6 成员运算符

Python 支持成员运算符，测试实例中是否包含了一系列的成员，包括字符串、列表或元组。成员运算符如表 2–7 所示。

表 2–7 成员运算符

运 算 符	描 述	实 例
实例	如果在指定的序列中找到值返回 True，否则返回 False	如果 x 在 y 序列中返回 True
>>	如果在指定的序列中没有找到值返回 True，否则返回 False	如果 x 不在 y 序列中返回 True

以下实例演示了 Python 所有成员运算符的操作：

```
a = 1
b = 20
list = [1, 2, 3, 4, 5 ]
if ( a in list ):
   print ("变量 a 在给定的列表list 中")
else:
   print( "变量 a 不在给定的列表list 中")
if ( b not in list ):
   print ("变量 b 不在给定的列表list 中")
else:
   print( "变量 b 在给定的列表list 中" )
# 修改变量 a 的值
a = 2
if ( a in list ):
   print( "修改后的变量 a 在给定的列表list 中")
else:
   print ("修改后的变量 a 在给定的列表list 中")
```

视频 2.9
成员运算符

运行结果为：

```
变量 a 在给定的列表 list 中
变量 b 不在给定的列表 list 中
修改后的变量 a 在给定的列表 list 中
```

2.6 运算符优先级 >>

运算符的优先级指的是在含有多个逻辑运算符的式子中，到底应该先计算哪一个、后计算哪一个。

在 Python 中，运算符的运算规则是：优先级高的运算符先执行，优先级低的运算符后执行，同一优先级的运算符按照从左到右的顺序进行。需要注意的是，Python 语言中大部分运算符都是从左向右执行的，只有一元运算符［例如 not（逻辑非）运算符］、赋值运算符例外，它们是从右向左执行的，表 2-8 按照优先级从高到低的顺序，罗列出了包括分隔符在内的所有运算符的优先级顺序。

表 2-8 Python 运算符优先级

运算符说明	运 算 符	优 先 级
小括号	()	20
索引运算符	x[index] 或 x[index:index2[:index3]]	18、19
属性访问	x.attrbute	17
乘方	**	16

续表

运算符说明	运 算 符	优 先 级
按位取反	~	15
符号运算符	+（正号）或 -（负号）	14
乘、除	*、/、//、%	13
加、减	+、-	12
位移	>>、<<	11
按位与	&	10
按位异或	^	9
按位或	|	8
比较运算符	==、!=、>、>=、<、<=	7
is 运算符	is、is not	6
in 运算符	in、not in	5
逻辑非	not	4
逻辑与	and	3
逻辑或	or	2

下面代码演示了优先级的使用：

```
a = 20
b = 10
c = 15
d = 5
e = 0
e = (a + b) * c / d        # (30 * 15 ) / 5
print( "(a + b) * c / d 运算结果为:",  e)
e = ((a + b) * c) / d      # (30 * 15 ) / 5
print( "((a + b) * c) / d 运算结果为:",  e)
e = (a + b) * (c / d);     # (30) * (15/5)
print( "(a + b) * (c / d) 运算结果为:",  e)
e = a + (b * c) / d;       #  20 + (150/5)
print( "a + (b * c) / d 运算结果为:",  e)
```

视频 2.10
优先级的使用

运行结果为：

```
(a + b) * c / d 运算结果为: 90.0
((a + b) * c) / d 运算结果为: 90.0
(a + b) * (c / d) 运算结果为: 90.0
a + (b * c) / d 运算结果为: 50.0
```

虽然 Python 运算符存在优先级的关系，但并不推荐过度依赖运算符的优先级，因为这会导致程序的可读性降低。不要把一个表达式写得过于复杂，如果一个表达式过于复杂，则把它分成几步来完成。也不要过多地依赖运算符的优先级来控制表达式的执行顺序，这样可读性太差，应尽量使用“()”来控制表达式的执行顺序。

小　　结

本章介绍了Python一系列基础知识，其中包括：Python中的注释及行的缩进、Python中的变量、基本数据类型［number（数值型）、string（字符串）、boolean（布尔值）、None（空值）、list（列表）、tuple（元组）、dict（字典）等］、运算符以及运算符的优先级等，这些知识是后面进一步学习编写Python程序的基础。希望读者能多加练习，熟练掌握Python的基础知识。

习　　题

一、选择题

1. Python的设计具有很强的可读性，相比其他语言具有的特色语法，以下选项正确的是（　　）。

   A. 交互式　　B. 解释型　　C. 面向对象　　D. 服务端语言

2. Python中 == 运算符比较两个对象的值，下列选项中（　　）是其比较对象的因素。

   A. id()　　B. sum()　　C. max()　　D. min()

3. Python解释器执行 a = """"aaa"""" 表达式的结果为（　　）。

   A. \'aaa\"　　B. ""\'aaa\"　　C. 语法错误　　D. 我不知道

4. 在Python 2中，如果变量x=3，那么，x/=3的结果为（　　）。

   A. 3　　B. 0　　C. 1.0　　D. 1

二、填空题

1. 在Python中__________表示空类型。
2. 表达式 15 // 4 的值为__________。
3. 表达式 int('123', 16) 的值为__________。
4. Python 3.x 语句 print(1, 2, 3, sep=':') 的输出结果为__________。
5. 语句 x = 3==3, 5 执行结束后，变量x的值为__________。
6. 表达式 {1, 2, 3, 4} − {3, 4, 5, 6} 的值为__________。
7. 表达式 int(str(34)) == 34 的值为__________。

三、简答题

1. Python中的注释有几种？
2. 请描述is与 == 的区别。
3. 列举Python中的基本数据类型。
4. Python如何获取当前日期？

四、编程题

1. 输入三角形的三条边 a、b、c，判断这三条边能否组成三角形，如果能，求三角形的面积。
2. 输入三个数，并将三个数按从小到大的顺序输出。

第3章　常用流程控制语句

高级程序设计语言一般有 3 种基本结构：顺序结构、分支结构和循环结构。这 3 种结构有一个入口和一个出口，任何程序都可由这 3 种基本结构组合而成。

顺序结构是程序中最基本、最简单的流程控制，没有特定的语法结构，只是按照代码的先后顺序依次执行，写在前面的代码先执行，写在后面的代码后执行。顺序结构只能顺序执行，不能进行判断和选择，而选择结构可以进行判断和选择。

3.1　条件判断语句 >>

在生活中，过马路要看红绿灯，如果是绿灯才能通过马路，否则需要停止等待。在 QQ 程序中，用户登录时需要同时正确输入用户名和密码后才允许登录，否则服务器拒绝用户登录。为此，Python 提供了条件判断语句。

3.1.1　单分支结构 if 语句

if 语句是最简单的条件判断语句。可通过图 3-1 来了解单分支结构 if 条件语句的执行过程。

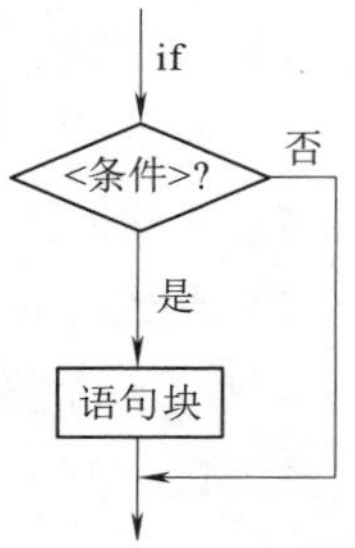

单分支结构 if 条件语句的语法格式如下：

```
if 条件判断:
    语句块
```

其中，“条件”泛指任何能产生 True 或者 False 的语句或者函数。“语句块”可以是一条语句，也可以是多条语句，当条件为真时，则执行语句块，然后顺序执行语句块后面的语句；如果条件为假，则跳过语句块，直接执行语句块后面的语句。

图 3-1　单分支结构

【例 3.1】每日空气质量检测 CH3_01_if.py。

PM2.5 又称大气污染物，是空气污染的一个主要来源，与其他污染物相比，它直接进入肺泡，危害人类健康。按照国家 PM2.5 检测网的空气质量的标准，根据 24 小时平均值标准值的分布来划分每天的空气质量等级，划分依据如表 3-1 所示。

表 3-1　划分依据

空气质量等级	24 小时 PM2.5 平均值标准值 / （$\mu g/m^3$）
优	0 ~ 35
良	35 ~ 75

续表

空气质量等级	24 小时 PM2.5 平均值标准值 / (μg/m³)
轻度污染	75 ~ 115
中度污染	115 ~ 150
重度污染	150 ~ 250
严重污染	＞250

假设输入 PM2.5 的值，输出对应的空气质量等级，代码示例如下：

```
PM25=eval(input("请输入今天的PM2.5的值"));
if  150<=PM25<=250:
    print("重度污染，请做好防护措施");
if  250<=PM25:
    print("严重污染，请务必做好防护措施");
```

视频 3.1　if

运行程序后，输出结果为：

```
请输入今天的PM2.5的值：  160
重度污染，请做好防护措施
```

3.1.2　二分支结构 if... else 语句

if...else 语句可以构成二分支结构 if 条件语句。可通过图 3–2 来了解二分支结构 if 条件语句的执行过程。

二分支结构 if 条件语句的语法格式如下：

```
if 条件判断:
    语句块1
else:
    语句块2
```

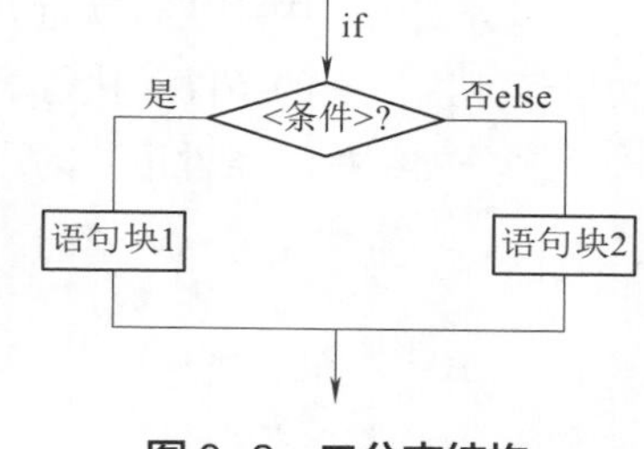

图 3–2　二分支结构

其中，"条件"泛指任何能产生 True 或者 False 的语句或者函数。"语句块"可以是一条语句，也可以是多条语句，当条件为真时，则执行语句块 1，然后顺序执行语句块 2 后面的语句；如果条件为假，则跳过语句块 1，执行语句块 2。

【例 3.2】CH3_02_if–else.py。

```
today=int(input("今天有Python课程吗?(请输入整数1 ~ 5):   "))
if  today in [4,5]:
    print("今天有Python课程")
else:
    print("今天没有Python课程")
```

视频 3.2　if–else

以上程序提示用户输入数字 1 ~ 5，在用户输入数字后进行判断，如果输入为 4 或 5，就提示今天有 Python 课程，否则提示今天没有 Python 课程。

运行程序后，输出结果为：

```
今天有 Python 课程吗？(请输入整数 1 ~ 5):    5
今天有 Python 课程
```

3.1.3 多分支结构 if... elif... else 语句

如果需要判断的情况大于两种，if 语句和 if... else 语句显然是无法完成全部的条件判断，此时就需要用到多分支结构 if 语句，如图 3–3 所示。

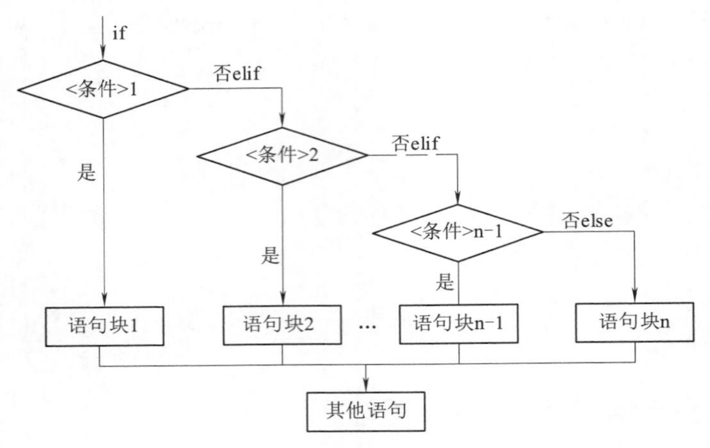

图 3–3 多分支结构

多分支语句中，实行就近判断和执行的原则，一旦条件满足并执行了相应的语句块，则不再继续判断后面的条件和执行语句块。

多分支结构 if 条件语句的语法格式如下：

```
if  <条件 1>:
    语句块 1
elif  <条件 2>:
      语句块 2
…
else  <条件 n>:
      语句块 n
```

其中，“条件”泛指任何能产生 True 或者 False 的语句或者函数。“语句块”可以是一条语句，也可以是多条语句。若 <条件 1> 为真，则执行语句块 1，完成后退出整个选择结构，执行后面的语句，如果没有任何条件成立，则执行 else 后面的语句 n。

【例 3.3】CH3_03_if–elif–else.py。

```
score=int(input("请输入 Python 课程的分数："))
grade=""
if score<60:
    grade="不及格"
elif score<80:
    grade="及格"
```

视频 3.3 if-elif-else

```
elif score<90:
    grade="良好"
else:
    grade="优秀"
print("您好：Python课程的分数是{0}，等级是{1}".format(score,grade))
```

上述多分支结构中，几个分支之间是有逻辑关系的，不能随意颠倒顺序。

运行程序后，输出结果为：

```
请输入Python课程的分数：95
您好：Python课程的分数是95，等级是优秀
```

【例3.4】CH3_04_if-elif-else.py。

```
score=int(input("请输入Python课程的分数："))
grade=""
if (score<60):
    grade="不及格"
elif (80 <= score < 90):
    grade="良好"
elif (60<=score<80):
    grade="及格"
else:
    grade="优秀"
print("分数是{0}，等级是{1}".format(score,grade))
```

视频3.4　if-elif-else

上述多分支结构语句就不用考虑if逻辑的顺序了；每个分支都使用了独立的、完整的判断，顺序可以随意移动，不会影响程序运行的结果。

【例3.5】已知点的坐标(x,y)，判断其所在的象限。CH3_05_if-elif-else.py。

```
x=int(input("请输入x轴的坐标："))
y=int(input("请输入y轴的坐标："))
if (x==0 and y==0):
    print("在原点")
elif (x==0):
    print("在x轴")
elif (y==0):
    print("在y轴")
elif (x>0 and y>0):
    print("第一象限")
elif (x<0 and y>0):
    print("第二象限")
elif (x<0 and y<0):
    print("第三象限")
elif (x>0 and y<0):
    print("第四象限")
```

视频3.5　if-elif-else

上述多分支结构语句中，else 语句作为可选项，没有出现在多分支结构中。

3.2 循环语句

Python 中有两个关键字来控制循环：for 和 while。其中，for 关键字一般用于实现遍历循环，遍历循环通常用于可迭代对象中，循环过程中，遍历循环会遍历可迭代对象中的每个元素，且循环次数确定；while 关键字一般用于实现条件循环，且循环次数不确定。

3.2.1 for 语句

for 循环通常用于可迭代对象的遍历。

for 循环的语法格式如下：

```
for<循环变量>  in   <可迭代对象>:
    循环体
```

Python 可以对文件内容进行遍历，使用方式如下：

```
#遍历文件中的每一行
for  line   in   文件名:
    <语句块>
```

Python 中的可迭代对象有字符串、列表、元组、字典等。

【例 3.6】CH3_06_for.py。

视频 3.6 for

```
#1.遍历元组
for x in (1,50,100):
    print("x={}".format(x),end="\n")
#2.遍历字符串
for x in 'CHINA':
    print("x={}".format(x),end="\n")
#3.遍历列表
for x in list("BEIJING"):
    print("x={}".format(x), end="\n")
#4.遍历字典
dic={"name":"Henry","age":"25","job":"Engineering"}
for x in dic:
    print("x={}".format(x), end="\n")
#5.遍历字典中的键
for x in dic.keys():
    print("x={}".format(x), end="\n")
#6.遍历字典中的值
for x in dic.values():
    print("x={}".format(x), end="\n")
#7.遍历字典中的键值对
for x in dic.items():
```

```
    print("x={}".format(x), end="\n")
```

运行程序后，输出结果为：

```
x=1
x=50
x=100
x=C
x=H
x=I
x=N
x=A
x=B
x=E
x=I
x=J
x=I
x=N
x=G
x=name
x=age
x=job
x=name
x=age
x=job
x=Henry
x=25
x=Engineering
x=('name', 'Henry')
x=('age', '25')
x=('job', 'Engineering')
```

3.2.2 for... in range()

for 关键字和 range() 函数结合起来使用，可以控制 for 循环中代码段的执行次数。

函数原型：

```
range(start, end, scan):
```

参数含义：

- start：计数从 start 开始。默认是从 0 开始。例如 range(5) 等价于 range(0, 5)。
- end：计数到 end 结束，但不包括 end。例如 range(0, 5) 是 [0, 1, 2, 3, 4] 没有 5。
- scan：每次跳跃的间距，默认为 1。例如 range(0, 5) 等价于 range(0, 5, 1)。

range() 函数的功能很强大，在 API 中的描述如下：If you do need to iterate over a sequence of numbers, the built-in function range() comes in handy. It generates arithmetic progressions。（如果你需

要迭代一组数字，内置函数 range() 你值得拥有，它会自动生成一组等差序列列表。)

【例 3.7】CH3_07_for-range.py。

```
#1. 遍历一个列表
print("#1. 遍历一个列表 ")
count=[1,2,3]
for number in count:
    print("this is count %d" % number)
print("--------------------")

#2. 遍历一个混合列表
print("#2. 遍历一个混合列表 ")
list=[1,2,3,"beijing",5,"hello",8.9]
for i in range(len(list)):
    print (list[i],end="、")
print("\n--------------------")

#3. 用 range() 函数生成一个列表
print( "#3. 用 range() 函数生成一个列表 ")
for i in range(5):
    print(i,end="、")
print("\n--------------------")

#4. range(3), 其中参数 3 代表: 从 0 ~ 3 的一个序列, 不包含 3
print("#4. 输出 range(3)")
print("range(3) 表示: " ,range(3))
listA=[i for i in range(3)]
print(listA)
print("--------------------")

#5. 定义一个从 5 开始的起始点, 到 20 结束的结束点
print("#5. 输出 range[5,20]")
print("range(5,20) 表示 ",range(5,20))
listB=[i for i in range(5,20)]
print(listB)
print("--------------------")

#6. 定义一个从 1 开始到 30 结束, 步长为 3 的列表
print("#6. 输出 range(1,30,3), 步长 =3")
print('range(1,30,3) 表示: ',range(1,30,3))
listC = [i for i in range(1,30,3)]
print(listC)
```

视频 3.7 for-range

运行程序后，输出结果为：

```
#1. 遍历一个列表
this is count 1
this is count 2
this is count 3
--------------------
#2. 遍历一个混合列表
1、2、3、beijing、5、hello、8.9
--------------------
#3. 用 range() 函数生成一个列表
0、1、2、3、4
--------------------
#4. 输出 range(3)
range(3) 表示： range(0, 3)
[0, 1, 2]
--------------------
#5. 输出 range[5,20]
range(5,20) 表示 range(5, 20)
[5, 6, 7, 8, 9, 10, 11, 12, 13, 14, 15, 16, 17, 18, 19]
--------------------
#6. 输出 range(1,30,3), 步长 =3
range(1,30,3) 表示： range(1, 30, 3)
[1, 4, 7, 10, 13, 16, 19, 22, 25, 28]
```

3.2.3 for... else...

for 循环可以与 else 搭配使用，for...else... 的执行顺序为：当迭代对象完成所有迭代后且此时的迭代对象为空时，如果存在 else 子句则执行 else 子句，没有则继续执行后续代码；如果迭代对象因为某种原因（如带有 break 关键字）提前退出迭代，则 else 子句不会被执行，程序将会直接跳过 else 子句继续执行后续代码。

for... else... 的语法结构如下：

```
for 循环变量  in  <可迭代对象>:
    循环体
else:
    代码块
```

【例 3.8】CH3_08_for-else.py。

```
for x in range(5):
    if x == 2:
        print(x)
        # break
    else:
```

视频 3.8　for-else

```
            print("执行 else...")
```

当缺少 break 关键字时，运行程序后，输出结果为：

```
2
执行 else...
```

当 break 关键字参与程序时，运行程序后，输出结果为：

```
2
```

3.2.4 while 语句

while 循环与 for 循环类似，都是用来重复执行一段代码块，与 for 循环不同的是，while 循环不能事先确定循环次数，循环结束的依据是事先定义好的条件判断语句，如果条件判断语句在第一次执行时就不成立，则 while 循环的执行次数为 0 次。

while 循环的结构如下：

```
while  循环条件:
   代码块
```

【例 3.9】while 实现循环打印。CH3_09_while.py。

```
url = "google"
while url:
    print(url)
    url = url[1:]
```

视频 3.9 while

程序运行后，输出结果为：

```
google
oogle
ogle
gle
le
e
```

【例 3.10】while 循环区分列表中的奇数和偶数。CH3_10_while02.py。

```
number = [1,2,3,0,4,5,6,7]
odd = []
even = []
while len(number)>0:
    numbers = number.pop()
    if numbers % 2 == 0:
        even.append(numbers)
    else:
        odd.append(numbers)
print(odd)
print(even)
```

程序运行后，输出结果为：

```
[6, 4, 0, 2]
[7, 5, 3, 1]
```

while 循环和 for 循环虽然都是循环，但是有着本质的不同。while 循环适用于未知循环次数的循环，for 循环适用于已知循环次数的循环。

while... else... . 的用法与 for... else... 的用法相同，这里不再赘述。

3.3　break 语句和 continue 语句

在流程控制语句中，除了 for、while 语句外，还有 break 和 continue 语句。break 和 continue 语句用来控制循环是否进入下一轮还是终止循环。

1. break 语句

break 语句是终止循环语句，用来终止整个循环，即哪怕循环条件没有成为 False 或序列还没有被完全递归，也停止执行循环语句。

2. continue 语句

continue 语句被用来告诉 Python 跳过当前循环块中的剩余语句，然后继续进行下一轮循环。

小　　结

本章主要讲解了常用流程控制语句中条件判断语句和循环语句，在条件判断语句中着重介绍了单分支结构语句、二分支结构语句和多分支结构语句；循环语句中主要介绍条件循环语句 while、遍历循环语句 for 以及如何通过关键字 break、continue 跳出循环。

习　　题

一、选择题

1. 下列（　　）语句可以终止循环。

   A. break　　　　B. continue

2. Python 的创始人是（　　）的。

   A. 中国　　　　B. 美国　　　　C. 荷兰　　　　D. 法国

3. Python 中可迭代的对象有（　　）。

   A. 文件　　　　B. 列表　　　　C. 字典　　　　D. 元组

二、填空题

1. ____________语句是 else 语句和 if 语句的组合。

2. 在循环体中可以使用____________语句跳过本次循环后面的代码，重新开始下一次循环。

3. 可以通过设置条件表达式永远为____________来实现无限循环。

4. 带有 else 子句的 for 循环和 while 循环中，当循环因循环条件不成立而自然结束时____________（会？不会？）执行 else 的代码。

5. ____________语句的作用是提前结束本层循环。

6. ____________语句的作用是提前进入下一次循环。

三、简答题

1. 简述 for 循环与 while 循环的区别。

2. 简述 break 语句与 continue 语句的区别。

四、编程题

1. 编写一个循环来完成 1 ~ n 的累加。变量 n 的值由键盘输入。

2. 从键盘输入一个整数，判断该数字是否能被 3 和 5 同时整除，如果是，请输出该数字，如果不是，请输出“该数字不能同时被 3 和 5 整除”。

3. 打印出 0 ~ 1 000 之间的全部“水仙花数”，所谓“水仙花数”是指一个 3 位数，其各位数字立方和等于该数本身。

第4章 字 符 串

在 Python 中，字符串主要用于保存诸如用户名、用户密码等相关类型的数据。本章主要介绍 Python 中字符串的定义、字符串的输入和输出、字符串的访问、字符串的常用操作方法、字符串内置访问函数、字符串的运算等内容。

4.1 字符串简介 >>

字符串是 Python 中最常用的数据类型。可以使用引号（' 或 "）来创建字符串。

创建字符串很简单，只要为变量分配一个值即可。例如：

```
str1 = 'Hello World!'
str2 = "Hello World!"
```

注意：单引号表示的字符串里不能包含单引号，如 let' s go 不能使用单引号包含；双引号表示的字符串里不能包含双引号，并且双引号表示的字符串只能有一行。

字符串还可以使用三引号（三对单引号或三对双引号）表示，并且三引号能够包含多行字符串。

```
'''Hello World!
Hello World!
Hello World!'''
```

或者表示为：

```
"""Hello World!
Hello World!
Hello World!"""
```

Python 表示的字符串不能被改变，当给一个索引位置赋值 str1[1]='m' 时，会发生语法错误。

需要在字符中使用特殊字符时，Python 用转义字符“\”。如表 4-1 所示。

表 4-1 转义字符

转 义 字 符	描 述
\（在行尾时）	续行符
\\	斜杠符号
\'	单引号
\"	双引号
\a	响铃

续表

转义字符	描　　述
\b	退格（Backspace）
\e	转义
\000	空
\n	换行
\v	纵向制表符
\t	横向制表符
\r	回车
\f	换页
\oyy	八进制数，yy 代表的字符，例如：\o12 代表换行
\xyy	十六进制数，yy 代表的字符，例如：\x0a 代表换行
\other	其他字符以普通格式输出

转义字符的使用如下所示：

```
>>> s="a\
... b\
... c"
>>> print(s)
abc
>>> print("\\")
\
>>> print('\'')
'
>>> print("\"")
"
>>> print("ab\b")
ab
>>> print("a\nb")
a
b
>>> print("a\tb")
a       b
>>> print("a\rb")
b
>>> print("12345\rab")
ab345
>>>
```

视频 4.1
转义字符

如果不想使用（\）转义字符，可以在字符串前面加一个 r，表示原始字符串，如下所示：

```
>>> print('Hello \n World!"')
```

```
Hello
 World!"
>>> print(r'Hello \n World!')
Hello \n World!
```

4.2　字符串的输入和输出

Python 3 提供了 input() 函数从标准输入读取一行文本，默认的标准输入是键盘，示例代码如下所示：

```
>>> user_input=input("请输入用户名：")
请输入用户名：Rosy
>>> print(user_input)
Rosy
```

Python 支持格式化字符串的输出。尽管这样可能会用到非常复杂的表达式，但最基本的用法是将一个值插入到一个有字符串格式符“%s”的字符串中。例如：

```
>>> print("My name is %s and weight is%d kg!"%('Rosy',60))
My name is Rosy and weight is60 kg!
```

除此之外，还可以使用“%”符号对其他类型的数据进行格式化，常见的格式化符号如表 4–2 所示。

表 4–2　Python 字符串格式化符号

符　号	描　述
%c	格式化字符及其 ASCII 码
%s	格式化字符串
%d	格式化整数
%u	格式化无符号整型
%o	格式化无符号八进制数
%x	格式化无符号十六进制数
%X	格式化无符号十六进制数（大写）
%f	格式化浮点数字，可指定小数点后的精度
%e	用科学计数法格式化浮点数
%E	作用同 %e，用科学计数法格式化浮点数
%g	%f 和 %e 的简写
%G	%F 和 %E 的简写
%p	用十六进制数格式化变量的地址

下面我们通过一个例子来说明格式化字符串的输出。

【例 4.1】CH04_01_ formatStr.py。

```
s1 = "i am %s, i am %d years old" % ('jeck',26)      # 按位置顺序依次输出
```

```
s2 = "i am %(name)s, i am %(age)d years old" % {'name':'jeck','age':26}
s3 = "i am %(name)+10s, i am %(age)d years old, i am %(height).2f" % {'name':
'jeck','age':26,'height':1.7512}
s4 = "原数：%d, 八进制:%o , 十六进制:%x" % (15,15,15)        #八进制\十六进制转换
s5 = "原数:%d, 科学计数法 e:%e, 科学计数法 E:%E" %(1000000000,1000000000,1000000000)
                                                              #科学计数法表示
s6 = "百分比显示:%.2f %%"  % 0.75                             #百分号表示
print(s1)
print(s2)
print(s3)
print(s4)
print(s5)
```

视频 4.2 格式化字符串

运行结果如下所示：

```
i am jeck, i am 26 years old
i am jeck, i am 26 years old
i am       jeck, i am 26 years old, i am 1.75
原数： 15, 八进制:17 , 十六进制:f
原数:1000000000, 科学计数法 e:1.000000e+09, 科学计数法 E:1.000000E+09
```

从 Python 2.6 开始，新增了一种格式化字符串函数 str.format()，它增强了字符串格式化的功能。format() 函数可以接收无限个参数，位置可以不按顺序。format() 函数的语法格式如下：

```
str.format(args)
```

此函数中，str 用于指定字符串的显示样式；args 用于指定要进行格式转换的项，如果有多项，之间有逗号进行分隔。

str 在创建显示样式模板时，需要使用“{}”和“：”指定占位符，其完整的语法格式为：

```
{ [index][ : [ [fill] align] [sign] [#] [width] [.precision] [type] ] }
```

具体例子如下所示：

```
>>> "{}  {}".format("hello","World")
'hello  World'
>>> "{0}  {1}".format("hello","World")
'hello  World'
>>> "{0}  {1}  {0}".format("hello","World")
'hello  World  hello'
```

视频 4.3 format() 函数

format () 函数也可以设置参数，如下所示：

```
>>> print("网站名: {name}, 地址 {url}".format(name="buu",url="www.buu.edu.cn"))
网站名: buu, 地址 www.buu.edu.cn

# 通过字典设置参数
>>> site={"name":"buu","url":"www.buu.edu.cn"}
>>> print("网站名:{name}, 地址 {url}".format(**site))
```

视频 4.4 format() 函数

```
网站名:buu, 地址 www.buu.edu.cn

# 通过列表索引设置参数
>>> my_list=['buu','www.buu.edu.cn']
>>> print("网站名:{0[0]}, 地址 {0[1]}".format(my_list))
网站名:buu, 地址 www.buu.edu.cn
```

4.3 字符串访问 >>

字符串本质上就是由多个字符组成的，Python 允许通过索引来操作字符，比如获取指定索引处的字符、获取指定字符在字符串中的位置等。

Python 字符串直接在方括号“[]”中使用索引即可获取对应的字符，其基本语法格式为：

```
string[index]
```

这里的 string 表示要截取的字符串，index 表示索引值。Python 规定，字符串中第一个字符的索引为 0、第二个字符的索引为 1，后面各字符依此类推。此外，Python 也允许从后面开始计算索引，最后一个字符的索引为 -1，倒数第二个字符的索引为 -2，依此类推。

【例 4.2】CH04_02_ subStr.py。

```
s = 'I am very good'
# 获取 s 中索引 2 处的字符
print(s[2])        # 输出 a
# 获取 s 中从右边开始，索引 4 处的字符
print(s[-4])       # 输出 g
```

除可获取单个字符之外，Python 也可以在方括号中使用范围来获取字符串的中间“一段”（被称为使用切片截取字符子串），其基本语法格式为：

```
string[start : end : step]
```

此格式中，各参数的含义如下：

● string：要截取的字符串。

● start：表示要截取的第一个字符所在的索引（截取时包含该字符）。如果不指定，默认为 0，也就是从字符串的开头截取。

● end：表示要截取的最后一个字符所在的索引（截取时不包含该字符）。如果不指定，默认为字符串的长度。

● step：指的是从 start 索引处的字符开始，每 step 个距离获取一个字符，直至 end 索引处的字符。step 默认值为 1，当省略该值时，最后一个冒号也可以省略。

视频 4.5
截取字符串

【例 4.3】CH04_03_ subStr1.py。

```
s = 'I am  is very good'
# 获取 s 中从索引 3 处到索引 5 处（不包含）的子串
print(s[3: 5])
# 获取 s 中从索引 3 处到倒数第 5 个字符的子串
```

```
print(s[3: -5])
# 获取 s 中从倒数第 6 个字符到倒数第 3 个字符的子串
print(s[-6: -3]) # 每隔 1 个，取一个字符
print(s[::2])
```

运行结果如下所示：

```
m
m  is very
y g
Ia i eygo
```

切片中，start、end 以及 step 都可以省略。

【例 4.4】CH04_04_ subStr2.py。

```
s = 'I am  is very good'
# 获取 s 中从索引 5 处到结束的子串
print(s[5: ])
# 获取 s 中从倒数第 6 个字符到结束的子串
print(s[-6: ])
# 获取 s 中从开始到索引 5 处的子串
print(s[: 5])
# 获取 s 中从开始到倒数第 6 个字符的子串
print(s[: -6])
```

视频 4.6
字符串切片

运行结果如下所示：

```
is very good
y good
I am
I am  is ver
```

此外，Python 字符串还支持用 in 运算符判断是否包含某个子串。例如如下代码：

```
s = 'I am  is very good'
# 判断 s 是否包含 'am' 和 'fkit' 子串
print('am' in s)   # True
print('fkit' in s) # False
```

还可使用全局内置的 min() 和 max() 函数获取字符串中最小字符和最大字符。例如如下代码：

```
s = 'I am  is very good'
# 输出 s 字符串中最大的字符
print(max(s))   # y
# 输出 s 字符串中最小的字符
print(min(s))   # 空格
```

4.4　字符串函数 >>

字符串提供了很多内置函数，如表 4-3 所示。

表 4-3　字符串常见的内置函数

方　法	描　述
string.capitalize()	把字符串的第一个字符大写
string.center(width)	返回一个原字符串，居中，并使用空格填充至长度 width 的新字符串
string.count(str, beg=0, end=len(string))	返回 str 在 string 中出现的次数，如果指定 beg 或者 end，则返回指定范围内 str 出现的次数
string.decode(encoding='UTF-8', errors='strict')	以 encoding 指定的编码格式解码 string，如果出错，默认报一个 ValueError 异常，除非 errors 指的是 'ignore' 或者 'replace'
string.encode(encoding='UTF-8', errors='strict')	以 encoding 指定的编码格式编码 string，如果出错，默认报一个 ValueError 异常，除非 errors 指定的是 'ignore' 或者 'replace'
string.endswith(obj, beg=0, end=len(string)	检查字符串是否以 obj 结束，如果 beg 或者 end 指定，则检查指定的范围内是否以 obj 结束，如果是，返回 True，否则返回 False
string.expandtabs(tabsize=8)	把字符串 string 中的 tab 符号转为空格，tab 符号默认的空格数是 8
string.find(str, beg=0, end=len(string))	检测 str 是否包含在 string 中，如果 beg 和 end 指定范围，则检查是否包含在指定范围内，如果是返回开始的索引值，否则返回 -1
string.format()	格式化字符串
string.index(str, beg=0, end=len(string))	跟 find() 方法一样，不同之处是如果 str 不在 string 中会报一个异常
string.isalnum()	如果 string 至少有一个字符并且所有字符都是字母或数字，则返回 True，否则返回 False
string.isalpha()	如果 string 至少有一个字符并且所有字符都是字母，则返回 True，否则返回 False
string.isdecimal()	如果 string 只包含十进制数字则返回 True，否则返回 False
string.isdigit()	如果 string 只包含数字则返回 True，否则返回 False
string.islower()	如果 string 中包含至少一个区分大小写的字符，并且所有这些（区分大小写的）字符都是小写，则返回 True，否则返回 False
string.isnumeric()	如果 string 中只包含数字字符，则返回 True，否则返回 False
string.isspace()	如果 string 中只包含空格，则返回 True，否则返回 False
string.istitle()	如果 string 是标题化的（见 title()），则返回 True，否则返回 False
string.isupper()	如果 string 中包含至少一个区分大小写的字符，并且所有这些（区分大小写的）字符都是大写，则返回 True，否则返回 False
string.join(seq)	以 string 作为分隔符，将 seq 中所有的元素（字符串表示）合并为一个新的字符串
string.ljust(width)	返回一个原字符串左对齐，并使用空格填充至长度 width 的新字符串
string.lower()	转换 string 中所有大写字符为小写

续表

方　法	描　述
string.lstrip()	截掉 string 左边的空格
string.maketrans (intab, outtab])	maketrans() 方法用于创建字符映射的转换表，对于接收两个参数的最简单的调用方式，第一个参数是字符串，表示需要转换的字符，第二个参数也是字符串，表示转换的目标
max(str)	返回字符串 str 中最大的字母
min(str)	返回字符串 str 中最小的字母
string.partition(str)	有点像 find() 和 split() 的结合体，从 str 出现的第一个位置起，把字符串 string 分成一个 3 元素的元组 (string_pre_str,str,string_post_str)，如果 string 中不包含 str 则 string_pre_str == string
string.replace(str1, str2, num=string.count(str1))	把 string 中的 str1 替换成 str2，如果 num 指定，则替换不超过 num 次
string.rfind(str, beg=0,end=len(string))	类似于 find() 函数，不过是从右边开始查找
string.rindex (str, beg=0,end=len(string))	类似于 index() 函数，不过是从右边开始
string.rjust(width)	返回一个原字符串右对齐，并使用空格填充至长度 width 的新字符串
string.rpartition(str)	类似于 partition() 函数，不过是从右边开始查找
string.rstrip()	删除 string 字符串末尾的空格
string.split(str="", num=string.count(str))	以 str 为分隔符切片 string，如果 num 有指定值，则仅分隔 num+1 个子字符串
string.splitlines([keepends])	按照行 ('\r', '\r\n', \n') 分隔，返回一个包含各行作为元素的列表，如果参数 keepends 为 False，不包含换行符，如果为 True，则保留换行符
string.startswith(obj, beg=0,end=len(string))	检查字符串是否是以 obj 开头，是则返回 True，否则返回 False。如果 beg 和 end 指定值，则在指定范围内检查
string.title()	返回“标题化”的 string，即所有单词都是以大写开始，其余字母均为小写（见 istitle()）
string.translate(str, del="")	根据 str 给出的表（包含 256 个字符）转换 string 的字符，要过滤掉的字符放到 del 参数中
string.upper()	转换 string 中的小写字母为大写
string.zfill(width)	返回长度为 width 的字符串，原字符串 string 右对齐，前面填充 0

字符串内置函数的使用。

【例 4.5】CH04_05_ funStr.py。

```
>>> s="i am a girl"
>>> s.capitalize()
'I am a girl'
>>> s.count('a',0,len(s))
2
>>> s.isdigit()
False
>>> s.upper()
```

视频 4.7
字符串内置函数

```
'I AM A GIRL'
>>> s.title()
'I Am A Girl'
>>> s.startswith('i',0,len(s))
True
>>> s=" 我爱北京天安门 "
>>> s.encode()
b'\xe6\x88\x91\xe7\x88\xb1\xe5\x8c\x97\xe4\xba\xac\xe5\xa4\xa9\xe5\xae\
x89\xe9\x97\xa8'
```

4.5　字符串运算符

表 4–4 列出了常用字符串运算。

表 4–4　字符串常见的运算

操作符	描　述	实　例
+	字符串连接	>>>a + b'HelloPython'
*	重复输出字符串	>>>a * 2'HelloHello'
[]	通过索引获取字符串中字符	>>>a[1]'e'
[:]	截取字符串中的一部分	>>>a[1:4]'ell'
in	成员运算符——如果字符串中包含给定的字符返回 True	>>>"H" in aTrue
not in	成员运算符——如果字符串中不包含给定的字符返回 True	>>>"M" not in aTrue
r/R	原始字符串——所有的字符串都是直接按照字面的意思来使用，没有转义字符或不能打印的字符。原始字符串除在字符串的第一个引号前加上字母 "r"（可以大小写）以外，与普通字符串有着几乎完全相同的语法	>>>print（r'\n'） >>> print（R'\n'）

字符串运算符的使用如例 4.6 所示。假设 a="Hello"，b="Python"。

【例 4.6】CH04_06_ computeStr.py。

```
a = "Hello"
b = "Python"
print( "a + b 输出结果：", a + b )
print( "a * 2 输出结果：", a * 2 )
print ("a[1] 输出结果：", a[1] )
print ("a[1:4] 输出结果：", a[1:4] )
if( "H" in a) :
 print ("H 在变量 a 中" )
else :
 print ("H 不在变量 a 中" )
if( "M" not in a) :
 print( "M 不在变量 a 中" )
else :
```

视频 4.8
字符串运算

```
print ("M 在变量 a 中")
print (r'\n')
print( R'\n')
```

运行结果如下所示：

```
a + b 输出结果： HelloPython
a * 2 输出结果： HelloHello
a[1] 输出结果： e
a[1:4] 输出结果： ell
H 在变量 a 中
M 不在变量 a 中
\n
\n
```

小　结

本章首先介绍了字符串的基本概念，然后介绍了字符串的输入和输出，接着介绍了如何访问字符串，最后介绍了字符串的常见内置函数以及字符串的运算符及其运用。通过本章的学习，读者能熟悉并掌握字符串的相关应用。

习　题

一、选择题

1. 判断 name 变量对应的值是否以 "go" 开头，并输出结果，正确的是（　　）。

   A. name.startswith('go')　　B. name.endswith('go')

   C. name.strip()　　D. name.replace("o","p")

2. 为输出 My name is Rosy and weight is60 kg!，下面正确的是（　　）。

   A. print("My name is %s and weight is%d kg!"%('Rosy',60))

   B. print("My name is %d and weight is%d kg!"%('Rosy',60))

   C. print("My name is %s and weight is%s kg!"%('Rosy',60))

   D. print("My name is %1s and weight is%2d kg!"%('Rosy',60))

3. print("Hello"+"\n\t World") 的输出结果为（　　）。

   A. Hello World　　B. Hello World

   C. Hello \n\t World　　D. 语法错误

4. 下列语句错误的是（　　）。

   s = 'I am is very good'

   A. print(s[5:])　　# 获取 s 中从索引 5 处到结束的子串

   B. print(s[−6:])　　# 获取 s 中从倒数第 6 个字符到结束的子串

   C. print(s[: 5])　　# 获取 s 中从开始到索引 5 处的子串

   D. print(s[: −5])　　# 获取 s 中从开始到倒数第 6 个字符的子串

二、填空题

1. 需要在字符串中使用特殊字符时，Python 用________ 转义字符。
2. Python 3 提供了________函数从标准输入读取一行文本。
3. Python 字符串直接在________中使用索引即可获取对应的字符。
4. Python 使用________检测一个 str 是否包含在 string 中。
5. ________函数返回字符串 str 中最大的字母。

三、简答题

1. 简述字符串切片的概念和基本语法。
2. 利用下画线将列表的每一个元素拼接成字符串 li = "gouguoqi"。
3. 字符串是否可以迭代对象？如果可以请使用 for 循环每一个元素。
4. 请输出 name 变量对应值的前三个字符。
5. 判断 name 变量对应的值是否以 "Q" 结尾，并输出结果。

四、编程题

1. 假定给定两个字符串（可以是空串）s1 和 s2，要将这两个串合并在一起，要求是：s1 串的第一个字符与 s2 串的第一个字符连接在一起，后续依此类推。若一个串的长度大于另一个串的长度，则保留长串的剩余字符，即连接到新串的末尾即可。例如：若 s1='abcd'、s2='efghi'，则新串为：'aebfcgdhi'。

2. 对于用户输入的任意字符串，只显示字母和数字。

3. 制作随机验证码，不区分大小写。流程：

（1）用户执行程序。

（2）给用户显示需要输入验证码。

（3）用户输入的值。用户输入的值和显示的值相同时显示正确的信息；否则继续生成验证码等待用户输入。

第5章 列表、元组和字典

列表、元组和字典属于组合数据类型。组合数据类型指的是可以用单一方式来表示多个相同类型或不同类型的数据。

随着数据数量呈几何级的倍增，批量处理数据成为了计算机数据处理中的常规要求，例如：

（1）给定一门课程的成绩，统计及格率。

（2）实验过程中产生的大量数据，分析出哪些数据是有效数据。

（3）给定一个剧本，计算并输出每个词语出现的频率。

组合数据类型的出现，不仅简化了程序员的开发工作，同时也提高了程序的效率。

5.1 列表概述

序列是 Python 中最基本的数据结构。序列中的每个元素都分配一个数字：它的位置或索引，第一个索引是 0，第二个索引是 1，依此类推。

Python 有 6 个序列的内置类型，但最常见的是列表和元组。

序列都可以进行的操作包括索引、切片、加、乘、检查成员。

此外，Python 已经内置确定序列的长度以及确定最大和最小的元素的方法。

列表是最常用的 Python 数据类型，它可以作为一个方括号内的逗号分隔值出现。

列表的数据项不需要具有相同的类型。

创建一个列表，只要把逗号分隔的不同的数据项使用方括号括起来即可。如下所示：

```
变量名=[ 数据1, 数据2, 数据3,……..]
list1 = ['software', 'engineering', 1997, 2019]
list2 = [1, 2, 3, 4, 5 ]
list3 = ["a", "b", "c", "d"]
```

5.2 列表常见操作

列表常见的操作包括：访问列表中的值、更新列表、将字符串转换为列表、删除列表中的元素、复制列表、列表中增加元素等。

5.2.1 访问列表中的值

视频 5.1 List_access

访问列表中元素的值，可以使用下标索引来进行。

```
list1=[2,4,6,8]
for  i in range(len(list1)):
    print("list[",i,"]=",list1[i])
```

运行结果如下：

```
list[ 0 ]= 2
list[ 1 ]= 4
list[ 2 ]= 6
list[ 3 ]= 8
```

5.2.2 更新列表

视频 5.2 List_update

更新列表指的是更新列表中元素的值，可以通过列表的索引直接给对应索引位置重新赋值，以达到更新列表元素值的目的。

```
list1=[2,4,6,8]
list1[0]=3
for  i in range(len(list1)):
    print("list[",i,"]=",list1[i])
```

运行结果如下：

```
list[ 0 ]= 3
list[ 1 ]= 4
list[ 2 ]= 6
list[ 3 ]= 8
```

5.2.3 将字符串转换为列表

视频 5.3 List_string

可以通过 list() 将字符串转换为列表。

```
str="HI.beijing"
print("list(str)=",list(str))
```

运行结果如下：

```
list(str)= ['H', 'I', '.', 'b', 'e', 'i', 'j', 'i', 'n', 'g']
```

5.2.4 删除列表中的元素

删除列表中元素的方法基本有 3 种。这 3 种方法中，有的是直接对列表中的值进行操作，有的是通过索引来对列表中的值进行操作，使用时要加以区分。

（1）remove() 方法用于删除指定值的元素，直接删除的是列表中的值。

（2）del 是根据索引来删除索引对应的值，不直接对值进行操作。

（3）pop() 如果不指定索引，则默认删除最后一个元素对应的值，如果指定索引，则删除指定索引位置的值。

```
#1. remove()：删除指定值的元素
```

```
list1 = [1,2,3,4,5]
list1.remove(2)
print("remove 删除 2 后 : list1=",list1)
list2=[2,"chaoyang","dongcheng"]
list2.remove("dongcheng")
print("remove 删除 dongcheng 后: list2=",list2)

#2. del :根据索引删除元素
list3= [6,7,8,9,10,11]
del list3[0]
print("del 删除索引 0 后 : list3=",list3)

# 3. pop() 根据索引删除元素
list4 = [6,7,8,9,10,11]
list4.pop(1)
print("pop 删除索引 1 的值 ,list4=",list4)
list4.pop()
print("pop 删除最后一个元素 ,list4=",list4)
```

视频 5.4　List_del

运行结果如下：

```
remove 删除 2 后 : list1= [1, 3, 4, 5]
remove 删除 dongcheng 后: list2= [2, 'chaoyang']
del 删除索引 0 后 : list3= [7, 8, 9, 10, 11]
pop 删除索引 1 的值 ,list4= [6, 8, 9, 10, 11]
pop 删除最后一个元素 ,list4= [6, 8, 9, 10]
```

5.2.5 复制列表

复制列表至少有 3 种方法：①直接复制一个列表到另一个列表；②采用 extend() 方法；③采用 list() 方法。

```
#1. 直接复制一个列表到另一个列表
list1=[2,4,6,8]
list2=list1
print("list1=",list1)
print("list2=",list2)

#2. 复制列表方法 2: 采用 extend() 方法
list3=[2,4,6,8]
list4=[]
list4.extend(list3)
print("list3=",list3)
print("list4=",list4)

#3. 复制列表方法 3: 采用 list() 方法
```

视频 5.5　List_copy

```
list5=[2,4,6,8]
list6=list(list1)
print("list5=",list5)
print("list6=",list6)
```

运行结果如下：

```
list1= [2, 4, 6, 8]
list2= [2, 4, 6, 8]
list3= [2, 4, 6, 8]
list4= [2, 4, 6, 8]
list5= [2, 4, 6, 8]
list6= [2, 4, 6, 8]
```

5.2.6 列表中增加元素

在 Python 中，向 list 添加元素，方法有如下 4 种：

（1）append()，追加单个元素到 list 的尾部，只接收一个参数，参数可以是任何数据类型，被追加的元素在 list 中保持着原结构类型。此元素如果是一个 list，那么这个 list 将作为一个整体进行追加，注意 append() 和 extend() 的区别。

（2）extend()，将一个列表中每个元素分别添加到另一个列表中，只接收一个参数；extend() 相当于是将 list B 连接到 list A 上。

（3）insert()，将一个元素插入到列表中，但其参数有两个［如 insert(1,"g")］，第一个参数是索引点，即插入的位置，第二个参数是插入的元素，即新增加的元素的值。

（4）+（加号），将两个 list 相加，会返回一个新的 list 对象，注意与前 3 种的区别。

前面 3 种方法（append(), extend(), insert()）可对列表进行增加元素的操作，它们没有返回值，是因为这 3 种操作直接修改了原数据对象。

注意：将两个 list 相加，需要创建新的 list 对象，从而需要消耗额外的内存，特别是当 list 较大时，尽量不要使用“+”来添加 list，而应该尽可能使用 list 的 append() 方法。示例如下：

```
#append()
list1=[2,4,6,8]
list1.append(10)
print("list1=",list1)
# extend()
list2=[12]
list1.extend(list2)
list3=list1
print("list3=",list3)
#insert()
list1.insert(0,0)
list4=list1
print("list4=",list4)
```

视频 5.6 List_insert

```
# +
list5=[14,16]
list6=list1+list5
print("list6=",list6)
```

运行结果如下：

```
list1= [2, 4, 6, 8, 10]
list3= [2, 4, 6, 8, 10, 12]
list4= [0, 2, 4, 6, 8, 10, 12]
list6= [0, 2, 4, 6, 8, 10, 12, 14, 16]
```

5.2.7 列表中的常用函数

除了上述用到的函数或方法以外，列表中还有一些常用的函数如下：

```
operator.le(list1,list2)
operator.eq(list1,list2)
operator.ge(list1,list2)                       # 比较两个列表的元素
operator.ne(list1,list2)
operator.gt(list1,list2)
len(list)                                      # 列表元素的个数
max(list)                                      # 返回列表元素最大值
min(list)                                      # 返回列表元素最小值
list(seq)                                      # 将元组转换为列表
list.count(obj)                                # 统计某个元素在列表中出现的次数
list.index(obj)                                # 从列表中找出某个值第一个匹配项的索引位置
list.reverse()                                 # 反向列表中的元素
List.sort(cmp=none,key=none,reverse=false)     # 对原列表进行排序
```

视频 5.7 List_function

上述函数示例如下：

```
import  operator
print('operator.le("hello","beijing")=',operator.le("hello","beijing"))
print('operator.eq("hello","beijing")=',operator.eq("hello","beijing"))
print('operator.ge("hello","beijing")=',operator.ge("hello","beijing"))
print('operator.ne("hello","beijing")=',operator.ne("hello","beijing"))
print('operator.gt("hello","beijing")=',operator.gt("hello","beijing"))
str="hello"
print(len(list(str)))
list1=[2,2,4,4,6,8]
print("max(list1)=",max(list1))
print("min(list1)=",min(list1))
tup=(1,1,3,3,5,7)
print("tup=",tup)
print("list(tup)=",list(tup))
print('list1.count(2)=',list1.count(2))
print("list1.index(4)",list1.index(4))
```

```
list1.reverse()   # 不可以用 list1=list1.reverse()
print("list1.reverse()=",list1)
list1.sort()
print("list1.sort()=",list1)
```

运行结果如下：

```
operator.le("hello","beijing")= False
operator.eq("hello","beijing")= False
operator.ge("hello","beijing")= True
operator.ne("hello","beijing")= True
operator.gt("hello","beijing")= True
len(list(str))= 5
max(list1)= 8
min(list1)= 2
tup= (1, 1, 3, 3, 5, 7)
list(tup)= [1, 1, 3, 3, 5, 7]
list1.count(2)= 2
list1.index(4) 2
list1.reverse()= [8, 6, 4, 4, 2, 2]
list1.sort()= [2, 2, 4, 4, 6, 8]
```

在使用上述函数或方法时，要注意与 Python 2x 中的用法区分开。

5.3　元组 >>

元组（Tuple）与列表相似，可以存储任意类型数据，不同之处在于元组的元素不能修改。要注意的一点是：元组的元素不可修改，但其内的列表中的元素可以修改。

元组表示多个元素组成的序列。用于存储一串信息，不同数据之间用逗号隔开。元组的索引从 0 开始。

创建一个元组，只要把逗号分隔的不同的数据项使用圆括号括起来即可。如下所示：

```
变量名 =( 数据 1, 数据 2, 数据 3,……)
tup1 =('software', 'engineering', 1997, 2019)
tup2 =(1, 2, 3, 4, 5)
tup3 =("a", "b", "c", "d")
```

定义一个单元素元组时，即元组中只有一个数据，要在那一个数据后面加逗号，否则该元组变量会被 Python 解释器认为是括号内数据的数据类型。

```
tup1=('a',2,4,6,8)
print('tup1[0]=',tup1[0])
tup2=(2)
print('type(tup2)=',type(tup2))
tup3=(2,)
print('type(tup3)=',type(tup3)
```

视频 5.8　tuple01

运行结果如下：

```
tup1[0]= a
type(tup2)= <class 'int'>
type(tup3)= <class 'tuple'>
```

元素和列表，这两种类型之间是可以互相转换的。

```
list1=[2,4,6,8]
tup1=tuple(list1)
print(type(tup1))
list2=list(tup1)
print(type(list2))
```

视频 5.9 tup_list

运行结果如下：

```
<class 'tuple'>
<class 'list'>
```

5.3.1 元组和格式化字符串

格式化输出中的括号以及内容，本质上就是元组。元组与格式化字符串输出，有 4 种常用的方式。

视频 5.10 tuple_str_format

```
# 4 种输出方式
# 新中国 70 周年，GDP 是 13 亿元
name = "新中国"
age = 70
gdp = 13
print("方式 1: %s %d 周年， GDP 是 %d 亿元" % (name, age,gdp))

China = ("新中国", 70, 13)
print("方式 2: %s %d 周年， GDP 是 %d 亿元"  % (China[0], China[1], China[2]))
print("方式 3: %s %d 周年， GDP 是 %d 亿元" % China)
china = "方式 4: %s %d 周年， GDP 是 %d 亿元" % China
print(china)
```

运行结果如下：

```
方式 1: 新中国 70 周年， GDP 是 13 亿元
方式 2: 新中国 70 周年， GDP 是 13 亿元
方式 3: 新中国 70 周年， GDP 是 13 亿元
方式 4: 新中国 70 周年， GDP 是 13 亿元
```

5.3.2 元组的其他用法

元组的 index() 方法和 count() 方法与列表的方法对应，在使用方式和含义上完全相同，这里不再赘述。除此以外，元组还有以下用法：

（1）重复。

（2）连接。

（3）in 与迭代循环。

（4）枚举 + 迭代。

（5）枚举 + 压缩。

（6）排序。

（7）接收多个参数。

我们通过一个例子来完整演示上述 7 种用法。

```
tuple1=('john','henry','fancy','mary','brown')
pwd=(123,234,345,567,678)
#1.重复
print("1. tuple1 重复 2 次 =",tuple1*2)
#2.连接
print('2. tuple1 连接后 =',tuple1+(6,8,'70 周年 '))
#3.in 与迭代循环
for a  in tuple1:
    print('3. ',a)
#4.枚举 + 迭代
for index,a in enumerate(tuple1):
   print('4. 第 %d 个元素: %s' %(index+1,a))
#5.枚举 + 压缩
for user_name,pswd in zip(tuple1,pwd):
   print('5.  ',user_name,' ‘s password is :',pswd)
#6.排序
tuple1=sorted(tuple1)
print('6.  sorted() 后 ==',tuple1)
#7.接收多个参数
first,*second,third=tuple1
print('7.  第 1 个参数为: ',first)
print('7.  第 2 个参数为: ',second)
print('7.  第 3 个参数为: ',third)
```

视频 5.11
tuple_7usage

运行结果如下：

```
1. tuple1 重复 3 次 = ('john', 'henry', 'fancy', 'mary', 'brown', 'john', 'henry', 'fancy', 'mary', 'brown')
2. tuple1 连接后 = ('john', 'henry', 'fancy', 'mary', 'brown', 6, 8, '70 周年 ')
3. john
3. henry
3. fancy
3. mary
3. brown
4. 第 1 个元素: john
```

```
4. 第 2 个元素: henry
4. 第 3 个元素: fancy
4. 第 4 个元素: mary
4. 第 5 个元素: brown
5. john 's password is : 123
5. henry 's password is : 234
5. fancy 's password is : 345
5. mary 's password is : 567
5. brown 's password is : 678
6. sorted() 后 == ['brown', 'fancy', 'henry', 'john', 'mary']
7. 第 1 个参数为:  brown
7. 第 2 个参数为:  ['fancy', 'henry', 'john']
7. 第 3 个参数为:  mary
```

上述例子中，有 2 个知识点需要说明。

（1）枚举（enumerate）是 Python 内置函数，enumerate 使用场景为：对一个列表或者数组既要遍历索引又要遍历元素。enumerate 的参数为可遍历的变量，如字符串，列表等；返回值为 enumerate 类。

（2）zip() 函数用于将可迭代对象作为参数，将对象中对应的元素打包成一个个元组，然后返回由这些元组组成的对象。如果各个可迭代对象的元素个数不一致，则返回的对象长度与最短的可迭代对象相同。

5.4 字典 >>

字典是另一种可变容器模型，可存储任意类型对象，如字符串、数字、元组等其他容器模型。字典由键和对应值成对组成，也被称作关联数组或哈希表。字典的每个键值 (key=>value) 对用冒号“:”分隔，每个对之间用逗号“,”分隔，整个字典包括在花括号“{}”中，语法格式如下所示：

```
dict= {key1 : value1, key2 : value2 }
```

示例如下：

```
dict1={'sw2014': '4102', 'sw2015': '5102', 'sw2016': '6102'}
```

5.4.1 访问字典中的值

视频 5.12
dict_access

在字典中不允许同一个键出现两次，如果创建时同一个键被赋值多次，则被字典记住的是最后一个键。

把相应的键放入到方括号中，就可以通过字典中的键来访问字典中的值。如果访问字典中没有的键，会输出错误信息：KeyError。示例如下：

```
dict1={'sw2014': '4102', 'sw2015': '5102', 'sw2016': '6102'}
print("dict1['sw2014']=",dict1['sw2014'])
```

运行结果如下：

```
dict1['sw2014']= 4102
```

5.4.2　修改字典

修改字典包括向字典中增加元素、删除字典中的元素、清空字典等操作。字典中增加元素的方式很简单，就是直接向字典中添加键和值就可以实现；删除包含 2 层含义，即删除字典中的单个元素和删除整个字典；清空字典可以用 clear() 方法实现。示例如下：

```
dict1={'sw2014': '4102', 'sw2015': '5102', 'sw2016': '6102'}
# 向字典增加元素
dict1['sw2017']=7102
print("1. dict1 增加元素后为 :",dict1)
del dict1['sw2014']
print("2. dict1 删除单个元素后为 :",dict1)
dict1.clear()
print("3. dict1 被清空后为 :",dict1)
del dict1
print("4. dict1 被全部删除后，再访问时会报错 :")
print("dict1 被全部删除后为 :",dict1)
```

视频 5. 13
dict_update

运行结果如下：

```
1. dict1 增加元素后为 : {'sw2014': '4102', 'sw2015': '5102', 'sw2016': '6102', 'sw2017': 7102}
2. dict1 删除单个元素后为 : {'sw2015': '5102', 'sw2016': '6102', 'sw2017': 7102}
3. dict1 被清空后为 : {}
4. dict1 被全部删除后，再访问时会报错 :
NameError: name 'dict1' is not defined
```

5.4.3　字典中键的类型

字典中的键必须不可变，可以用数字、字符串或元组充当，用列表作为键的类型时会报错：TypeError: unhashable type: 'list'。如下实例：

```
# 1. 键可以是字符串
dict1={'sw2014': '4102', 'sw2015': '5102', 'sw2016': '6102'}
print("1. 键为字符串 ",dict1)
# 2. 键可以是数字
dict2={1: '4102', 3: '5102', 5: '6102'}
print("2. 键为数字 ",dict1)
#3. 键为元组
dict3={(1): '4102', (3): '5102', 5: '6102'}
print("3. 键为元组 ",dict3)
#4. 键不可以是列表
dict4={[1]: '4102', (3): '5102', 5: '6102'}
```

视频 5. 14
dict_key_tyep

```
print("4. 键为元组",dict4)
```

运行结果如下：

```
1. 键为字符串 {'sw2014': '4102', 'sw2015': '5102', 'sw2016': '6102'}
2. 键为数字 {'sw2014': '4102', 'sw2015': '5102', 'sw2016': '6102'}
3. 键为元组 {1: '4102', 3: '5102', 5: '6102'}
dict4={[1]: '4102', (3): '5102', 5: '6102'}
TypeError: unhashable type: 'list'
```

5.4.4 字典的3种排序方法

字典可以按照key排序，也可以按照value进行排序，下面3种排序方式中，需要说明的是，zip()中默认是按照第一个元素进行排序，另外两种方式都是指定排序。

```
dict1={'sw2014': '9102', 'sw2015': '5102', 'sw2016': '6102'}

# 排序1，按照指定进行排序：X[0] 代表key排序，X[1] 代表value排序
print("1.按key进行排序后：",sorted(dict1.items(),key=lambda  x:x[0], reverse=False))
print("1.按value进行排序后：",sorted(dict1.items(),key=lambda  x:x[1], reverse=
False))
# 排序2，zip() 方法默认会对第一个参数进行排序
f=zip(dict1.keys(),dict1.values())
print('2.按key进行排序后：',sorted(f))
f=zip(dict1.values(),dict1.keys())
print("2.按value进行排序后：",sorted(f))

# 排序3，按照指定进行排序：itemgetter(0) 代表key排序，itemgetter(1) 代表value排序
import  operator
print('3.按key进行排序后：',sorted(dict1.items(),key=operator.itemgetter(0)))
print("3.按value进行排序后：",sorted(dict1.items(),key=operator.itemgetter(1)))
```

视频5.15
dict_sorted

运行结果如下：

```
1.按key进行排序后：  [('sw2014', '9102'), ('sw2015', '5102'), ('sw2016', '6102')]
1.按value进行排序后：  [('sw2015', '5102'), ('sw2016', '6102'), ('sw2014', '9102')]
2.按key进行排序后：  [('sw2014', '9102'), ('sw2015', '5102'), ('sw2016', '6102')]
2.按value进行排序后：  [('5102', 'sw2015'), ('6102', 'sw2016'), ('9102', 'sw2014')]
3.按key进行排序后：  [('sw2014', '9102'), ('sw2015', '5102'), ('sw2016', '6102')]
3.按value进行排序后：  [('sw2015', '5102'), ('sw2016', '6102'), ('sw2014', '9102')]
```

小　结

本章主要讲解了Python中的3种数据结构：列表、元组和字典。列表和元组的用法比较相近，需要特别注意的是两者之间的区别。字典的3种排序方法是本章的一个难点，字典还有一些常规函数，本章未做介绍，有兴趣的读者可以参考其他书籍。

习　题

一、选择题

1. 已知列表 x=list(range(9))，则 del x[:2] 之后，x 的值为（　　）。

   A. [1,3,5,7,9]　　B. [1,3,5,7]

   C. [0,1,3,5,7]　　D. [2,3,4,5,6,7,8]

2. Len(range(1,10)) 的值是（　　）。

   A. 9　　B. 10　　C. 8　　D. 7

3. list1,list2=['google','jingdong','taobao'],[234,345,200]

   print(max(list1),min(list2))

   上述代码运行后的结果为（　　）。

   A. google 200　　B. jingdong 200

   C. taobao 200　　D. taobao 234

4. 下列属于元组的是（　　）。

   A. {'google','jingdong','taobao'}　　B. ('google','jingdong','taobao')

   C. ['google','jingdong','taobao']　　D. ['google','jingdong',200]

二、编程题

输入一行非空字符串，单词之间以空格隔离，请给出最后一个单词的长度。

第6章 函　　数

函数是组织好的、可重复使用的，用来实现单一或相关联功能的代码段。用户可以自定义函数来提高应用的模块性和代码的重复利用率。Python 也提供了许多内置函数供用户直接使用。本章节将详细介绍函数的相关语法、高级函数的定义与使用，以及常见 Python 内置函数的使用。

6.1 函数简介

前面章节中已经接触过函数，比如 input() 、print()、len() 等数，这些都是 Python 的内置函数，可以直接使用。

除了可以直接使用内置函数外，Python 还支持自定义函数，即将一段有规律的、可重复使用的代码定义成函数，从而达到一次编写、多次调用的目的。

比如，在程序中定义了一段代码，这段代码用于实现一个特定的功能。如果下次需要实现同样的功能，是否需要把前面定义的代码复制一次？例如，我们知道圆的面积计算公式为：$S = \pi r^2$，当我们知道半径 r 的值时，就可以根据公式计算出面积。假设我们需要计算 3 个不同大小的圆的面积：r1 = 12.34，r2 = 9.08，r3 = 73.1；s1 = 3.14 * r1 * r1；s2 = 3.14 * r2 * r2；s3 = 3.14 * r3 * r3。

当代码出现有规律的重复的时候，每次写 3.14 * x * x 不仅很麻烦，而且，如果要把 3.14 改成 3.14159265359 的时候，上面的公式得全部替换。

有了函数，我们就不用每次写 s = 3.14 * x * x，而是写成更有意义的函数调用 s = area_of_circle(x)，而函数 area_of_circle 本身只需要写一次，就可以多次调用。

所以，所谓函数，就是指为一段实现特定功能的代码“定义”一个名字，以后即可通过该名字来调用该函数。使用函数，可以大大提高代码的重复利用率。

通常，函数可以接收零个或多个参数，也可以返回零个或多个值。从函数使用者的角度来看，函数就像一个“黑匣子”，程序将零个或多个参数传入这个“黑匣子”，该“黑匣子”经过一番计算即可返回零个或多个值。对于“黑匣子”的内部细节（就是函数的内部实现细节），函数的使用者并不需要关心。就像前面在调用 len()、max()、min() 等函数时，我们只负责传入参数、接收返回值，至于函数内部的实现细节，我们并不关心。

6.2 函数的定义和调用

1. 函数的定义和调用

定义函数需要用 def 关键字实现，具体的语法格式如下：

```
def 函数名 ( 形参列表 ):
        // 由零条到多条可执行语句组成的代码块
          [return [ 返回值 ]]
```

其中，用[]括起来的为可选择部分，既可以使用，也可以省略。

此格式中，各部分参数的含义如下：

● 函数名：从语法角度来看，函数名只要是一个合法的标识符即可；从程序的可读性角度来看，函数名应该由一个或多个有意义的单词连缀而成，每个单词的字母全部小写，单词与单词之间使用下画线分隔。

● 形参列表：用于定义该函数可以接收的参数。形参列表由多个形参名组成，多个形参名之间以英文逗号（,）隔开。一旦在定义函数时指定了形参列表，调用该函数时就必须传入相应的参数值，也就是说，谁调用函数谁负责为形参赋值。

注意：在创建函数时，即使函数不需要参数，也必须保留一对空的“()”，否则 Python 解释器将提示“invaild syntax”错误。另外，如果想定义一个没有任何功能的空函数，可以使用 pass 语句作为占位符。

自定义一个求绝对值的 fun_abs 函数。

【例 6.1】CH06_01_abs.py。

```
def fun_abs(x):
    if x >= 0:
        return x
    else:
        return -x
print(fun_abs(-99))
```

视频 6.1
fun_abs. py() 函数

请注意，函数体内部的语句在执行时，一旦执行到 return 语句时，函数就执行完毕，并将结果返回。因此，函数内部通过条件判断和循环可以实现非常复杂的逻辑。

如果没有 return 语句，函数执行完毕后也会返回结果，只是结果为 None。return None 可以简写为 return。

如果已经把 fun_abs() 的函数定义保存为 abs.py 文件了，那么，可以在该文件的当前目录下启动 Python 解释器，用 from abs import fun_abs 来导入 fun_abs() 函数，注意 abs 是文件名（不含 .py 扩展名）：

```
>>> from abs import fun_abs
>>> fun_abs(-9)
9
```

2. 空函数

如果想定义一个什么也不做的空函数，可以用 pass 语句。pass 语句什么都不做，那有什么用？实际上 pass 可以用来作为占位符，比如现在还没想好怎么写函数的代码，就可以先放一个

pass，让代码能运行起来。

pass 还可以用在其他语句里，比如：

```
if age >= 18:
    Pass
```

缺少了 pass，代码运行就会有语法错误。

3. 参数检查

调用函数时，如果参数个数不对，Python 解释器会自动检查出来，并抛出 TypeError。

```
>>> fun_abs(1, 2)
Traceback (most recent call last):
  File "<stdin>", line 1, in <module>
TypeError: fun_abs() takes 1 positional argument but 2 were given
```

但是如果参数类型不对，Python 解释器就无法帮我们检查。比较 fun_abs() 和内置函数 abs() 的差别：

```
>>> fun_abs('A')
Traceback (most recent call last):
  File "<stdin>", line 1, in <module>
  File "<stdin>", line 2, in fun_abs
TypeError: unorderable types: str() >= int()
>>> abs('A')
Traceback (most recent call last):
  File "<stdin>", line 1, in <module>
TypeError: bad operand type for abs(): 'str'
```

当传入了不恰当的参数时，内置函数 abs() 会检查出参数错误，而我们定义的 fun_abs() 没有参数检查，会导致 if 语句出错，出错信息和内置函数 abs() 不一样。所以，这个函数 fun_abs() 定义不够完善。

让我们修改一下 fun_abs() 的定义，对参数类型做检查，只允许整数和浮点数类型的参数。数据类型检查可以用内置函数 isinstance() 实现。

【例 6.2】CH06_02_abs.py 。

```
def fun_abs(x):
    if not isinstance(x, (int, float)):
        raise TypeError('bad operand type')
    if x >= 0:
        return x
    else:
        return -x
```

视频 6.2
fun_abs() 函数

添加了参数检查后，如果传入错误的参数类型，函数就可以抛出一个错误：

```
>>> fun_abs('A')
Traceback (most recent call last):
  File "<stdin>", line 1, in <module>
```

```
  File "<stdin>", line 3, in fun_abs
TypeError: bad operand type
```

6.3 函数的参数和返回值

6.3.1 函数的参数

1. Python 函数值传递和引用传递

通常情况下，定义函数时都会选择有参数的函数形式，函数参数的作用是传递数据给函数，令其对接收的数据做具体的操作处理。在使用函数时，经常会用到形式参数（简称“形参”）和实际参数（简称“实参”），二者都叫参数，之间的区别是：

形式参数：在定义函数时，函数名后面括号中的参数就是形式参数，例如：

```
#定义函数时，这里的函数参数 obj 就是形式参数
def testDemo(obj)
    print(obj)
```

实际参数：在调用函数时，函数名后面括号中的参数称为实际参数，也就是函数的调用者给函数的参数。例如：

```
a = "python语言"
#调用已经定义好的 test Demd() 函数，此时传入的函数参数 a 就是实际参数
testDemo(a)
```

Python 中，根据实际参数的类型不同，函数参数的传递方式可分为 2 种，分别为值传递和引用（地址）传递：

- 值传递：适用于实参类型为不可变类型（字符串、数值、元组）。
- 引用（地址）传递：适用于实参类型为可变类型（列表，字典）。

值传递和引用传递的区别是，函数参数进行值传递后，若形参的值发生改变，不会影响实参的值；而函数参数进行引用传递后，改变形参的值，实参的值也会一同改变。

例如，定义一个名为 testDemo() 的函数，分别为其传入一个代表值传递的字符串类型的变量和代表引用传递的列表类型的变量。

【例 6.3】CH06_03_testDemo .py 。

```
# -*- coding: UTF-8 -*-
def testDemo (obj) :
    obj += obj
    print("形参值为：",obj)
print("-------值传递-----")
a = "python语言"
print("a的值为：",)
testDemo (a)
print("实参值为：",a)
```

视频 6.3 testDemo() 函数

```
print("----- 引用传递 -----")
a = [1,2,3]
print("a 的值为: ",a)
testDemo (a)
print(" 实参值为: ",a)
```

运行结果为:

```
------- 值传递 -----
a 的值为:  python 语言
形参值为:  python 语言 python 语言
实参值为:  python 语言
----- 引用传递 -----
a 的值为:  [1, 2, 3]
形参值为:  [1, 2, 3, 1, 2, 3]
实参值为:  [1, 2, 3, 1, 2, 3]
```

在执行值传递时，改变形式参数的值，实际参数并不会发生改变；而在进行引用传递时，改变形式参数的值，实际参数也会发生同样的改变。

2. 参数的类型

1）位置参数

位置参数，有时也称必备参数，指的是必须按照正确的顺序将实际参数传到函数中，换句话说，调用函数时传入实际参数的数量和位置都必须和定义函数时保持一致。

在调用函数时，指定的实际参数的数量必须和形式参数的数量一致（传多传少都不行），否则 Python 解释器会抛出 TypeError 异常，并提示缺少必要的位置参数。

【例 6.4】CH06_04_ power .py 。

```
def power(x, n):
    s = 1
    while n > 0:
        n = n - 1
        s = s * x
    return s
```

视频 6.4
pow() 函数

运行结果为:

```
>>> power(5)
Traceback (most recent call last):
  File "<stdin>", line 1, in <module>
TypeError: power() missing 1 required positional argument: 'n'
```

在调用函数时，传入实际参数的位置必须和形式参数位置一一对应，否则会产生以下 2 种结果:

（1）抛出 TypeError 异常。当实际参数类型和形式参数类型不一致，并且在函数中这两种类型之间不能正常转换，此时就会抛出 TypeError 异常。

【例 6.5】CH06_05_ area.py 。

```
def area(height,width):
```

```
        return height*width/2
print(area("python 语言",3))
```

视频 6.5 area

输出结果为：

```
Traceback (most recent call last):
  File "<stdin>",line 2, in area
    return height*width/2
TypeError: unsupported operand type(s) for /: 'str' and 'int'
```

以上显示的异常信息，就是因为字符串类型和整型数值做除法运算。

（2）产生的结果和预期不符。调用函数时，如果指定的实际参数和形式参数的位置不一致，但它们的数据类型相同，那么程序将不会抛出异常，但会导致运行结果和预期不符。

例如，设计一个求梯形面积的函数，并利用此函数求上底为 4 cm，下底为 3 cm，高为 5 cm 的梯形的面积。但如果交互高和下底参数的传入位置，计算结果将导致错误。

【例 6.6】CH06_06_ area.py 。

```
# -*- coding: UTF-8 -*-
def area(upper_base,lower_bottom,height):
    return (upper_base+lower_bottom)*height/2
print("正确结果为：",area(4,3,5))
print("错误结果为：",area(4,5,3))
```

视频 6.6 _ area() 函数

运行结果为：

```
正确结果为： 17.5
错误结果为： 13.5
```

因此，在调用函数时，一定要确定好位置，否则很有可能产生类似示例中的这类错误。

2）可变参数

可变参数又称不定长参数，即传入函数中的实际参数可以是任意多个。Python 定义可变参数主要有以下 2 种形式。

（1）可变参数：形参前添加一个 '*'。语法格式为：

```
    *args
```

其中，args 表示创建一个名为 args 的空元组，该元组可接收任意多个外界传入的非关键字实参。为什么要使用可变参数？我们来看下面的一个例子。

我们以数学题为例：给定一组数字 a、b、c……请计算 a2 +b2 +c2+ ……

要定义出这个函数，我们必须确定输入的参数。由于参数个数不确定，我们首先想到可以把 a、b、c……作为一个 list 或 tuple 传进来，这样，函数可以定义如例 6.7 所示。

【例 6.7】CH06_07_ calculate.py 。

```
def calculate(numbers):
    sum = 0
    for n in numbers:
        sum = sum + n * n
    return sum
```

视频 6.7 calculate() 函数

但是调用的时候，需要先组装出一个列表或元组：

```
>>> calculate([1, 2, 3])
14
>>> calculate((1, 3, 5, 7))
84
```

如果把函数的参数改为可变参数，函数的定义如下：

```
def calculate(*numbers):
    sum = 0
    for n in numbers:
        sum = sum + n * n
    return sum
```

如果利用可变参数，调用函数的方式可以简化成这样：

```
>>> calculate(1, 2, 3)
14
>>> calculate(1, 3, 5, 7)
84
```

定义可变参数和定义一个列表或元组参数相比，仅仅在参数前面加了一个 * 号。在函数内部，参数 numbers 接收到的是一个元组，因此，函数代码完全不变。但是，调用该函数时，可以传入任意个参数，包括 0 个参数。

如果已经有一个列表或者元组，要调用一个可变参数怎么办？ Python 允许在列表或元组前面加一个 * 号，把列表或元组的元素变成可变参数传进去：

```
>>> nums = [1, 2, 3]
>>> calc(*nums)
14
```

（2）可变参数：形参前添加两个 '*'。该形式的语法格式如下：

```
    **kwargs
```

**kwargs 表示创建一个名为 kwargs 的空字典。该字典可以接收任意多个以关键字参数赋值的实际参数。

【例 6.8】CH06_08_ test.py。

```
# -*- coding: UTF-8 -*-
# 定义了支持参数收集的函数
def test(x, y, z=3, *lanuage, **scores) :
    print(x, y, z)
    print(lanuage)
    print(scores)
test(1, 2, 3,"C 语言 " , "Python 语言 ", c=89, python=94)
```

视频 6.8
例 6.8 text

上面程序在调用 test() 函数时，前面的 1、2、3 将会传给普通参数 x、y、z；接下来的两个字符串将会由 lanuage 参数收集成元组；最后的两个关键字参数将会被收集成字典。运行上面代码，会看到如下输出结果：

```
1 2 3
('C 语言 ', 'Python 语言 ')
{'c': 89, 'python': 94}
```

3. 默认参数

在调用函数时，如果不指定某个参数，解释器会抛出异常。为了解决这个问题，Python 允许为参数设置默认值，即在定义函数时，直接给形式参数指定一个默认值，这样的话，如果调用函数时没有给拥有默认值的形参传递参数，该参数可以直接使用定义函数时设置的默认值。

定义带有默认值参数的函数，其语法格式如下：

```
def 函数名 (...，形参名 = 默认值 ):
    代码块
```

注意：在使用此格式定义函数时，指定有默认值的形式参数必须在所有无默认值参数的最后，否则会产生语法错误。

例如，一个一年级小学生注册的函数，需要传入 name 和 gender 两个参数，还要传入年龄、城市等信息，可以把年龄和城市设为默认参数。

【例 6.9】CH06_09_ test.py。

```
def enrollIn(name, gender, age=6, city='Beijing'):
    print('name:', name)
    print('gender:', gender)
    print('age:', age)
    print('city:', city)
```

视频 6.9　test() 函数

调用时，只有与默认参数不符的学生才需要提供额外的信息：

```
enrollIn('Bob', 'M', 7)
enrollIn('Adam', 'M', city='Tianjin')
```

有多个默认参数时，调用的时候，可以按顺序提供默认参数，比如调用 enrollIn('Bob', 'M', 7)，意思是，除了 name，gender 这两个参数外，最后 1 个参数应用在参数 age 上，city 参数由于没有提供，仍然使用默认值。也可以不按顺序提供部分默认参数。当不按顺序提供部分默认参数时，需要把参数名写上。比如调用 enrollIn('Adam', 'M', city='BeiJing')，意思是 city 参数用传进去的值，其他默认参数继续使用默认值。

6.3.2 函数返回值

1. return 语句

在 Python 中，在用 def 语句创建函数时，可以用 return 语句指定应该返回的值，该返回值可以是任意类型。需要注意的是，return 语句在同一函数中可以出现多次，但只要有一个得到执行，就会直接结束函数的执行。

函数中，使用 return 语句的语法格式如下：

```
return [返回值]
```

其中，返回值参数可以指定，也可以省略不写（将返回空值 None）。

【例 6.10】CH06_10_ add.py。

```
# -*- coding: UTF-8 -*-
def add(a,b):
    c = a + b
    return c
# 函数赋值给变量
temp = add(1,2)
print(temp)
# 函数返回值作为其他函数的实际参数
print(add(3,4))
```

视频 6.10
函数

本例中，add() 函数既可以用来计算两个数的和，也可以连接两个字符串，它会返回计算的结果。

通过 return 语句指定返回值后，我们在调用函数时，既可以将该函数赋值给一个变量，用变量保存函数的返回值，也可以将函数再作为某个函数的实际参数。

2. 返回多个值

如下程序示范了函数直接返回多个值的情形。

【例 6.11】CH06_11_ sum_and_avg.py。

```
# -*- coding: UTF-8 -*-
def sum_and_avg(list):
    sum = 0
    count = 0
    for e in list:
        # 如果元素 e 是数值
        if isinstance(e, int) or isinstance(e, float):
            count += 1
            sum += e
    return sum, sum / count
my_list = [20, 15, 2.8, 'a', 35, 5.9, -1.8]
# 获取 sum_and_avg 函数返回的多个值，多个返回值被封装成元组
temp = sum_and_avg(my_list) #@@@@1
print(temp)
```

视频 6.11
sum_and_avg() 函数

上面程序中函数 sum_and_avg(list) 返回了多个值，当 #@@@@1 注释的代码调用该函数时，该函数返回的多个值将会被自动封装成元组，因此程序看到 temp 是一个包含两个元素（由于被调用函数返回了两个值）的元组。

此外，也可使用 Python 提供的序列解包功能，直接使用多个变量接收函数返回的多个值。例如如下代码：

```
# 使用序列解包来获取多个返回值
s, avg = sum_and_avg(my_list) #@@@@@2
print(s)
print(avg)
```

上面程序中的 #@@@@@2 注释的代码直接使用两个变量来接收 sum_and_avg() 函数返回的两个值，这就是利用了 Python 提供的序列解包功能。

6.4 嵌套函数

嵌套函数就是在一个函数里再嵌套一个或多个函数。例如

```
def outer():
     def inner():
          print('inner')
     print('outer')
     inner()
outer()
inner()          # 此句会出错
```

因为内部函数不能被外部直接使用，会抛 NameError 异常。

```
Traceback (most recent call last):
  File "test.py", line 7, in <module>
    inner()
NameError: name 'inner' is not defined
```

嵌套函数的定义包含下面几种情况。

（1）嵌套函数属于“局部变量”性质的函数，不能在函数外部调用。例如：

```
def outer():              # 定义外部函数 outer()
    print('in the outer')
    def inner():          # 在外部函数 outer() 内定义内部函数 inner()
       print('in the inner')
outer()                   # 调用外部函数 outer()
```

（2）在下面这种情况下，内部函数 inner() 在外部函数 outer() 内部调用，所以最终的输出结果也可以看到 inner() 的结果。例如：

```
# -*- coding: UTF-8 -*-
def outer():
    print('in the outer')
    def inner():
        print('in the inner')
    inner()           # 在外部函数 outer() 内调用内部函数 inner()
outer()
```

如果要修改嵌套作用域中的变量，则需要 nonlocal 关键字。

【例 6.12】CH06_12_ outer.py。

```
def outer():
    name = 'John'
    def inner():
        nonlocal name
        name = 'Jack'
        print(name)
    inner()
    print(name)
outer()
```

视频 6.12
outer() 函数

运行结果：

```
Jack
Jack
```

6.5 递归函数

在函数内部，可以调用其他函数。如果一个函数在内部调用自身，这个函数就是递归函数。

例如，计算阶乘 $n! = 1 \times 2 \times 3 \times ... \times n$，用函数 fact(n) 表示，可以看出：$fact(n) = n! = 1 \times 2 \times 3 \times ... \times (n-1) \times n = (n-1)! \times n = fact(n-1) \times n$，所以，fact(n) 可以表示为 $n \times fact(n-1)$，只有 n=1 时需要特殊处理。于是，fact(n) 用递归的方式写出来如例 6.13 所示。

【例 6.13】CH06_13_ fact.py。

```
def fact(n):
    if n==1:
        return 1
    return n * fact(n - 1)
```

视频 6.13
递归函数

运行这个递归函数，结果如下所示。

```
>>> fact(1)
1
>>> fact(5)
120
```

以计算 fact(5) 为例，根据递归函数定义看到计算过程如下：

```
> fact(5)
> 5 * fact(4)
> 5 * (4 * fact(3))
> 5 * (4 * (3 * fact(2)))
> 5 * (4 * (3 * (2 * fact(1))))
> 5 * (4 * (3 * (2 * 1)))
> 5 * (4 * (3 * 2))
> 5 * (4 * 6)
```

```
> 5 * 24
> 120
```

递归函数的优点是定义简单，逻辑清晰。理论上，所有的递归函数都可以写成循环的方式，但循环的逻辑不如递归清晰。

6.6 变量的作用域

一个标识符的可见范围就是标识符的作用域。一般常说的变量的作用域包括以下两个：

- 全局作用域（global）：在整个程序运行环境中都可见。
- 局部作用域：在函数、类等内部可见；局部变量使用范围不能超过其所在的局部作用域。

1. 局部变量

局部变量是指在函数内部定义并使用的变量，它只在函数内部有效。

每个函数在执行时，系统都会为该函数分配一块“临时内存空间”，所有的局部变量都被保存在这块临时内存空间内。当函数执行完成后，这块内存空间就被释放了，这些局部变量也就失效了。因此离开函数之后就不能再访问局部变量了，否则解释器会抛出 NameError 错误。

```
# -*- coding: UTF-8 -*-
def text():
    demo = 'python 语言'
    print(demo)
text()# 此处获取局部变量值会引发错误
print('局部变量 demo 的值为：',demo)
```

运行结果为：

```
python 语言
Traceback (most recent call last):
  File "test.py", line 5, in <module>
    print('局部变量 demo 的值为：',demo)
NameError: name 'demo' is not defined
```

2. 全局变量

全局变量指的是能作用于函数内外的变量，即全局变量既可以在各个函数的外部使用，也可以在各函数内部使用。

定义全局变量的方式有以下 2 种：

（1）在函数外定义的变量，一定是全局变量。

【例 6.14】CH06_14_ text.py。

```
# -*- coding: UTF-8 -*-
demo = "python 语言"
def text():
    print("函数内访问：",demo)
text()
print('函数外访问：',demo)
```

视频 6.14
text() 函数

运行结果为：

```
函数体访问： python 语言
函数外访问： python 语言
```

（2）在函数内定义全局变量。使用 global 关键字对变量进行修饰后，该变量就会变为全局变量。

【例 6.15】CH06_15_ text.py。

```
# -*- coding: UTF-8 -*-
def text():
    global demo
    demo = "python 语言 "
     print(" 函数内访问： ",demo)
text()
print(' 函数外访问： ',demo)
```

视频 6.15
global 关键字

运行结果为：

```
函数体访问： python 语言
函数外访问： python 语言
```

注意：在使用 global 关键字修饰变量名时，不能直接给变量赋初值，否则会引发语法错误。

3. 获取指定作用域范围中的变量

不管是在函数的局部范围内还是在全局范围内，都可能存在多个变量，每个变量“持有”该变量的值。从这个角度来看，不管是局部范围还是全局范围，这些变量和它们的值就像一个“看不见”的字典，其中变量名就是字典的 key，变量值就是字典的 value。实际上，Python 提供了如下 3 个工具函数来获取指定范围内的“变量字典”：

- globals()：该函数返回全局范围内所有变量组成的“变量字典”。
- locals()：该函数返回当前局部范围内所有变量组成的“变量字典”。
- vars(object)：获取在指定对象范围内所有变量组成的“变量字典”。如果不传入 object 参数，vars() 和 locals() 的作用完全相同。

globals() 和 locals() 看似完全不同，但它们实际上也是有联系的，关于这两个函数的区别和联系大致有以下两点：locals() 总是获取当前局部范围内所有变量组成的“变量字典”，因此，如果在全局范围内（在函数之外）调用 locals() 函数，同样会获取全局范围内所有变量组成的“变量字典”；而 globals() 无论在哪里执行，总是获取全局范围内所有变量组成的“变量字典”。

一般来说，使用 locals() 和 globals() 获取的“变量字典”只应该被访问，不应该被修改。但实际上，不管是使用 globals() 还是使用 locals() 获取的全局范围内的“变量字典”，都可以被修改，这种修改会真正改变全局变量本身，但通过 locals() 获取的局部范围内的“变量字典”，即使对它修改也不会影响局部变量。

下面程序示范了如何使用 locals()、globals() 函数访问局部范围和全局范围内的“变量字典”。

【例 6.16】CH06_16_ test.py。

```
# -*- coding: UTF-8 -*-
```

```
def test ():
    age = 20
    # 直接访问 age 局部变量
    print(age) # 输出 20
    # 访问函数局部范围的“变量数组”
    print(locals()) # {'age': 20}
    # 通过函数局部范围的“变量数组”访问 age 变量
    print(locals()['age']) # 20
    # 通过 locals() 函数局部范围的“变量数组”改变 age 变量的值
    locals()['age'] = 12
    # 再次访问 age 变量的值
    print('xxx', age) # 依然输出 20
    # 通过 globals() 函数修改 x 全局变量
    globals()['x'] = 19
test()
x = 5
y = 20
print(globals()) # {..., 'x': 5, 'y': 20}
# 在全局访问内使用 locals() 函数，访问的是全局变量的“变量数组”
print(locals()) # {..., 'x': 5, 'y': 20}
# 直接访问 x 全局变量
print(x) # 5
# 通过全局变量的“变量数组”访问 x 全局变量
print(globals()['x']) # 5
# 通过全局变量的“变量数组”对 x 全局变量赋值
globals()['x'] = 39
print(x) # 输出 39
# 在全局范围内使用 locals() 函数对 x 全局变量赋值
locals()['x'] = 99
print(x) # 输出 99
```

视频 6.16
test() 函数

从上面程序可以清楚地看出，locals() 函数用于访问特定范围内的所有变量组成的“变量字典”，而 globals() 函数则用于访问全局范围内的全局变量组成的“变量字典”。而且，在使用 globals() 或 locals() 访问全局变量的“变量字典”时，将会看到程序输出的“变量字典”默认包含了很多变量，这些都是 Python 主程序内置的，读者暂时不用理会它们。

4. 在函数中使用同名的全局变量

全局变量默认可以在所有函数内被访问，但是，如果当函数中定义了与全局变量同名的变量时，就会发生局部变量遮蔽（hide）全局变量的情形。

视频 6.17
隐藏全局变量

【例 6.17】CH06_17_ test.py。

```
# -*- coding: UTF-8 -*-
name = 'Hello'
def test ():
```

```
# 直接访问 name 全局变量
    print(name) # Hello
test()
print(name)
```

上面程序中，直接访问 name 变量，这是允许的，此时程序将会输出 Hello。如果在第 5 行代码之后（仍添加在函数内部）再增加如下一行代码，如例 6.18 所示。

【例 6.18】CH06_18_ test.py。

```
# -*- coding: UTF-8 -*-
name = 'Hello'
def test ():
# 直接访问 name 全局变量
    print(name) # Hello
    name = 'Charlie'
test()
print(name)
```

视频 6. 18
遮蔽全局变量

再次运行该程序，将会看到如下错误：UnboundLocalError : local variable 'name' referenced before assignment。该错误提示所访问的 name 变量还未定义。这是什么原因呢？这正是由于程序在 test() 函数中增加了 name='Charlie' 一行代码造成的。

Python 语法规定，在函数内部对不存在的变量赋值时，默认就是重新定义新的局部变量，这会使得函数内部遮蔽重名的 name 全局变量。由于局部变量 name 在 print(name) 后才初始化，所以程序会报错。为了避免这个问题，可以通过以下 2 种方式来修改上面程序：

（1）访问被遮蔽的全局变量。如果希望程序依然能访问 name 全局变量，且在函数中可重新定义 name 局部变量，也就是在函数中可以访问被遮蔽的全局变量，此时可通过 globals() 函数来实现，将上面程序改为例 6.19 所示形式。

【例 6.19】CH06_19_ test.py。

```
# -*- coding: UTF-8 -*-
name = 'Hello'
def test ():
    # 直接访问 name 全局变量
    print(globals()['name'])  # Hello
    name = 'Charlie'
test()
print(name)  # Hello
```

视频 6. 19
global() 函数

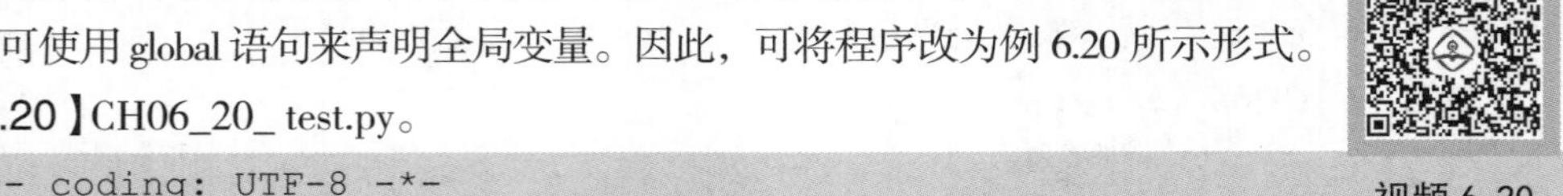

（2）函数中声明全局变量。为了避免在函数中对全局变量赋值（不是重新定义局部变量），可使用 global 语句来声明全局变量。因此，可将程序改为例 6.20 所示形式。

【例 6.20】CH06_20_ test.py。

视频 6. 20
global 声明

```
# -*- coding: UTF-8 -*-
name = 'Hello'
def test ():    # 声明 name 是全局变量，后面的赋值语句不会重新定义局部变量
```

```
    global name     # 直接访问 name 全局变量
    print(name)  # Hello
    name = 'Charlie '
test()
print(name)  # Charlie
```

增加了“global name”声明之后，程序会把 name 变量当成全局变量，这意味着 test() 函数后面对 name 赋值的语句只是对全局变量赋值，而不是重新定义局部变量。

5. nonlocal 关键字

局部函数内的变量也会遮蔽它所在函数内的局部变量。

【例 6.21】CH06_21_ outer.py。

```
# -*- coding: UTF-8 -*-
def outer ():
    # 局部变量 name
    name = 'Charlie'
    def inner ():
        # 访问 inner() 函数所在的 outer() 函数的 name 局部变量
        print(name) # Charlie
        name = 'Michel'
    inner ()
outer ()
```

视频 6. 21
局部变量遮蔽

运行该程序，会出现以下错误：

```
Traceback (most recent call last):
  File "outer.py", line 10, in <module>
  File "outer.py", line 9, in outer
  File "outer.py", line 7, in inner
UnboundLocalError: local variable 'name' referenced before assignment
```

该错误是由局部变量遮蔽局部变量导致的，在 outer () 函数中定义的 name 局部变量遮蔽了它所在 inner () 函数内的 name 局部变量，又因为 inner () 函数中的 name 局部变量定义在 print() 输出函数之后，使得 print(name) 执行时找不到合适的 name，因此导致程序报错。

为了声明 inner () 函数中的“ name='Michel' ”赋值语句不是定义新的局部变量，只是访问它所在 outer () 函数内的 name 局部变量，Python 提供了 nonlocal 关键字，通过 nonlocal 关键字即可声明访问赋值语句只是访问该函数所在函数内的局部变量。将上面程序改为例 6.22 所示即可。

【例 6.22】CH06_22_ outer.py。

```
# -*- coding: UTF-8 -*-
def outer ():
    # 局部变量 name
    name = 'Charlie'
    def inner ():
        nonlocal name
```

视频 6. 22
局部变量隐藏

```
        # 访问 inner() 函数所在的 outer() 函数的 name 局部变量
        print(name) # Charlie
        name = 'Michel'
    inner ()
outer ()
```

nonlocal 和前面介绍的 global 功能大致相似，区别只是 global 用于声明访问全局变量，而 nonlocal 用于声明访问当前函数所在函数内的局部变量。

6.7 高级函数

6.7.1 函数变量

Python 的函数也是一种值：所有函数都是 function 对象，这意味着可以把函数本身赋值给变量，就像把整数、浮点数、列表、元组赋值给变量一样。

当把函数赋值给变量之后，接下来程序也可通过该变量来调用函数。

【例 6.23】CH06_23_ pow.py。

```
# -*- coding: UTF-8 -*-
# 定义一个计算乘方的函数
def pow(base, e) :
    result = 1
    for i in range(1, e + 1) :
        result *= base
    return result
# 将 pow 函数赋值给 my_fun，则 my_fun 可当成 pow 使用
my_fun = pow
print(my_fun(2 , 4))      # 输出 16
# 定义一个计算面积的函数
def area(width, height) :
    return width * height
# 将 area 函数赋值给 my_fun，则 my_fun 可当成 area 使用
my_fun = area
print(my_fun(5, 6))      # 输出 30
```

视频 6.23
pow() 函数

从上面代码可以看出，程序依次将 pow()、area() 函数赋值给 my_fun 变量，接下来即可通过 my_fun 变量分别调用 pow()、area() 函数。

通过对 my_fun 变量赋值不同的函数，可以让 my_fun 在不同的时间指向不同的函数，从而让程序更加灵活。由此可见，使用函数变量的好处是让程序更加灵活。

6.7.2 闭包函数

闭包，又称闭包函数或者闭合函数，其实和前面讲的嵌套函数类似。不同之处在于，闭包

中外部函数返回的不是某一个具体的值，而是一个函数。一般情况下，返回的函数会赋值给一个变量，这个变量可以在后面被继续执行调用。例如，计算一个数的 n 次幂，用闭包可以写成例 6.24 所示代码。

【例 6.24】CH06_24_ bibao.py。

```
# -*- coding: UTF-8 -*-
#闭包函数，其中 e 称为自由变量
def n_power(e):
    def exponent_of(base):
        return  base ** e
    return exponent_of    # 返回值是 exponent_of 函数
square = n_power(2)       # 计算一个数的平方
cube = n_power(3)         # 计算一个数的立方

print(square(2))          #计算 2 的平方
print(cube(2))            #计算 2 的立方
```

视频 6. 24
bibao() 函数

在上面程序中，内部函数 exponent_of() 访问了外部函数 n_power() 中的变量 e；外部函数 n_power(e) 的返回值是函数 exponent_of()，而不是一个具体的数值。

在执行完 square = n_power(2) 和 cube =n_power(3) 后，外部函数 n_power(e) 的参数 e 会和内部函数 exponent_of 一起赋值给 squre 和 cube，这样在之后调用 square(2) 或者 cube(2) 时，程序就能顺利地输出结果，而不会报错说参数 exponent 没有定义。

为什么要闭包呢？上面的程序，完全可以写成下面的形式：

```
def n_powe_new(base, e):
  return base ** e
```

上面程序确实可以实现相同的功能，不过使用闭包，可以让程序变得更简洁易读，例如用上面两种形式实现计算 2^2。

```
# 不使用闭包     计算 2²
square = n_powe_new(2, 2)
# 使用闭包      计算 2 的平方
square = n_powe(2)
res1 = square(2)
```

总的来说，闭包函数打破函数的层级限制，将闭包函数返回到外部使用。在 Python 中创建一个闭包可以归结为以下三点：

（1）闭包函数必须有内部嵌套函数。

（2）内嵌函数需要引用该嵌套函数上一级 namespace 中的变量。

（3）闭包函数必须返回内部嵌套函数。

6.7.3 匿名函数

Python 使用 lambda 来创建匿名函数。Python 要求 lambda 表达式只能是单行表达式。lambda

函数的语法只包含一个语句，lambda 表达式必须使用 lambda 关键字定义。具体如下：

```
lambda [arg1 [,arg2,.....argn]]:expression
```

从上面的语法格式可以看出 lambda 表达式的几个要点：

（1）在 lambda 关键字之后、冒号左边的是参数列表，可以没有参数，也可以有多个参数。

（2）如果有多个参数，则需要用逗号隔开，冒号右边是该 lambda 表达式的返回值。

lambda 的具体运用如例 6.25 所示。

【例 6.25】CH06_25_ lambda.py。

```
# -*- coding: UTF-8 -*-
def get_math_func(type) :
    result=1
    # 该函数返回的是 Lambda 表达式
    if type == 'square':
        return lambda n: n * n
    elif type == 'cube':
        return lambda n: n * n * n
    else:
        return lambda n: (1 + n) * n / 2
# 调用 get_math_func()，程序返回一个嵌套函数
math_func = get_math_func("cube")
print(math_func(5))     # 输出 125
math_func = get_math_func("square")
print(math_func(5))     # 输出 25
math_func = get_math_func("other")
print(math_func(5))     # 输出 15.0
```

视频 6.25
lambda() 函数

lambda 匿名函数具有以下特点：

（1）lambda 只是一个表达式，函数体比 def 简单很多。

（2）lambda 的主体是一个表达式，而不是一个代码块。仅仅能在 lambda 表达式中封装有限的逻辑进去。

（3）lambda 函数拥有自己的命名空间，且不能访问自有参数列表之外或全局命名空间里的参数。

（4）虽然 lambda 函数看起来只能写一行，却不等同于 C 或 C++ 的内联函数，后者的目的是调用小函数时不占用栈内存，从而增加运行效率。

Python 语言既支持面向过程编程，也支持面向对象编程。而 lambda 表达式是 Python 面向过程编程的语法基础。

6.7.4 装饰器

1. 什么是装饰器

装饰器本质上是一个函数，该函数用来处理其他函数，它可以让其他函数在不需要修改代码的前提下增加额外的功能，装饰器的返回值也是一个函数对象。它经常用于有切面需求的场

景，比如插入日志、性能测试、事务处理、缓存、权限校验等应用场景。装饰器是解决这类问题的绝佳设计，有了装饰器，我们就可以抽离出大量与函数功能本身无关的雷同代码并继续重用。概括地讲，装饰器的作用就是为已经存在的对象添加额外的功能。

假设有一个需求，希望可以记录下函数的执行时间，于是在代码中添加日志代码，如例 6.26 所示。

【例 6.26】CH06_26_ log.py。

```
import time
#遵守开放封闭原则
def log():
        start = time.time()
        print( "start:" ,start)
        time.sleep(3)
        end = time.time()
        print( "end :" ,end )
        print('spend %s'%(end - start))
log()
```

视频 6. 26
日志函数

假设其他的函数 log2()、log3() 也有类似的需求，怎么做？再在 log2()、log3() 函数里调用时间函数？这样就造成大量雷同的代码。为了减少重复写代码，我们可以这样做：重新定义一个函数，专门设定时间，如例 6.27 所示。

【例 6.27】CH06_27_ log.py。

```
import time
def show_time(func):
    start = time.time()
    print( "start:" ,start)
    func()
    end = time.time()
    print( "end :" ,end )
    print('spend %s'%(end - start))
def log():
    print('log')
    time.sleep(3)
show_time(log)
```

视频 6. 27
函数参数

因为我们每次都要将一个函数作为参数传递给 show_time 函数，而且这种方式已经破坏了原有的代码逻辑结构。之前执行业务逻辑时，直接执行运行 log()，但是现在不得不改成 show_time(log)。那么有没有更好的方式的呢？答案就是装饰器。

装饰器是一个函数，它需要接收一个参数，该参数表示被修饰的函数。装饰器具体定义如下：

```
def decorator_name(func):
   print('正在装饰')
```

```
    def decorated():
        print('正在验证权限')
    return decorated
```

其中，装饰器 decorator_name() 是个嵌套函数，内部函数 decorated() 是一个闭包。外部函数接收的是被修饰的函数（func）。

通过在函数定义的前面添加 @ 符号和装饰器名，实现装饰器对函数的包装。给 f1() 函数加上装饰器，示例如下：

```
@decorator_name
def f1():
print('f1')
f1()
```

此时，程序会自动编译生成调用装饰器函数的代码，等价于 f1 = decorator_name(f1)。此时 f1 指向返回的 decorated() 函数，f1() 等价于调用 decorated() 内部函数。

把例 6.27 的例子修改为用装饰器实现。

【例 6.28】CH06_28_ log.py。

```
import time
def show_time(func):
    def inner():
        start = time.time()
        print( "start:" ,start)
        func()
        end = time.time()
        print( "end :" ,end )
        print('spend %s'%(end - start))
    return inner
@show_time   #log=show_time(log)
def log():
    print('log')
    time.sleep(3)
log()   # 此时 log 指向 inner 函数，log() 等价于执行 inner() 函数
```

视频 6.28
Log() 函数

至此，完成了对 log() 函数的装饰。

装饰器有 2 个特性：一是可以把被装饰的函数替换成其他函数，二是可以在加载模块时立即执行。

2. 多个装饰器

如果一个函数被多个装饰器修饰，其实应该是该函数先被最里面的装饰器修饰（例 6.29 中函数 main() 先被 inner 装饰，变成新的函数），变成另一个函数后，再次被装饰器修饰。

【例 6.29】CH06_29_ outer_inner.py。

```
def outer(func):
```

```
    print('enter outer', func)
    def wrapper():
        print('running outer')
        func()
    return wrapper

def inner(func):
    print('enter inner', func)
    def wrapper():
        print('running inner')
        func()
    return wrapper
@outer
@inner
def main():
print('running main')
main()
```

视频 6.29
多个装饰器

程序运行结果如下：

```
enter inner <function main at 0x0000020C15EB0378>
enter outer <function inner.<locals>.wrapper at 0x0000020C15EB0400>
running outer
running inner
running main
```

3. 装饰器对有参数函数进行装饰

如果原函数 test(a,b) 中有参数需要传递给函数装饰器，应该如何实现？一个简单的办法是，可以在对应的函数装饰器 decorated (a,b) 上添加相应的参数。

【例 6.30】CH06_30_ decorator.py。

```
def decorator_name(func):
    def decorated (a,b):
       print(“开始验证权限”)
       func(a,b)
    return decorated
@ decorator_name
def test(a,b):
    print(“a=%d,b=%d” %(a,b))
test(1,2)
```

视频 6.30
有参数的
装饰器

上面的装饰器只对两个参数的函数适用，如果无法确定函数的参数个数以及参数类型，可以使用不定长参数来传递。

【例 6.31】CH06_31_ decorator.py。

```
def decorator_name(func):
```

```
    def decorated (*args,**kwargs):
        print("开始验证权限")
        func(*args,**kwargs)
    return decorated
@ decorator_name
def test(*args,**kwargs):
    print("-------test-------")
    print(args, kwargs)
test(1,2,3)
```

视频 6.31
不定长参数的
装饰器

4. 装饰器对有返回值函数进行装饰

前面介绍的装饰器，都是对不带返回值的函数进行装饰，例 6.32 所示为对有返回值的函数进行装饰。

【例 6.32】CH06_32_ decorator.py。

```
def  decorator_name(functionName):
    def decorated():
        functionName()
    return decorated
@decorator_name
def test():
    return 'itheima'
test()
```

视频 6.32
有返回值的
装饰器

程序执行后，没有任何输出内容。也就是说调用 test() 函数返回了 None。因为，当使用 @ decorator_name 对 test() 函数装饰后，test 指向了 decorated() 函数，而 decorated() 函数本身是没有返回值的，如果想输出'itheima'，需要使用 return 语句将调用后的结果返回。对上面的装饰函数进行修改，修改后的代码如例 6.33 所示。

【例 6.33】CH06_33_ decorator.py。

```
def  decorator_name(functionName):
    def decorated():
        return functionName()
    return decorated
@decorator_name
def test():
    return 'itheima'
test()
```

5. 带参数的装饰器

前面介绍的装饰器都是不带参数的。这些装饰器最终返回的都是函数名，如果要给装饰器加参数，需要增加一层封装，先传递参数，再传递函数名。也就是说，装饰器函数首先接收的是装饰器函数的参数，然后带着这个参数再去装饰函数。因此，我们就必须先处理装饰器函数的参数，然后再去处理被装饰的函数。

【例 6.34】CH06_34_ decorator.py。

```
def func_arg(args):
    def func(functionName):
        def func_in():
            print('—记录日志 -args=%s' %args)
            functionName()
            return func_in
    return func
@def func_arg("test args")
def test()
    print("-------test---------")
test()
```

视频 6. 33
带参数的
装饰器

带参数的装饰器只是用来加强装饰的，如果希望装饰器可以根据参数的不同对不同的参数进行不同的装饰，则带参数的装饰器是个很好的选择。

6.8 Python 常见的内置函数

Python 解释器内置了很多函数和类型，如表 6-1 所示。本节将以 map()、filter()、reduce() 等函数为例，介绍 Python 内置函数的用法。

表 6-1 常用 python 内置函数

abs()	delattr()	hash()	memoryview()	set()
all()	dict()	help()	min()	setattr()
any()	dir()	hex()	next()	slice()
ascii()	divmod()	id()	object()	sorted()
bin()	enumerate()	input()	oct()	staticmethod()
bool()	eval()	int()	open()	str()
breakpoint()	exec()	isinstance()	ord()	sum()
bytearray()	filter()	issubclass()	pow()	super()
bytes()	float()	iter()	print()	tuple()
callable()	format()	len()	property()	type()
chr()	frozenset()	list()	range()	vars()
classmethod()	getattr()	locals()	repr()	zip()
compile()	globals()	map()	reversed()	__import__()
complex()	hasattr()	max()	round()	reduce()

1. map() 函数

map() 函数会根据提供的函数对指定序列做映射。map() 函数语法如下所示：

```
map(function, iterable, ...)
```

map() 函数接收两个参数，一个是 function，一个是 iterable。map() 将传入的参数依次作用到序列的每个元素，并把结果作为新的 Iterator 返回。

比如我们有一个函数 f(x)=x^2，要把这个函数作用在一个 list [1, 2, 3, 4, 5, 6, 7, 8, 9] 上，就可以用 map() 实现：

```
>>> r=map(lambda x:x*x,[1,2,3,4,5,6])
>>> print(list(r))
[1, 4, 9, 16, 25, 36]
```

map() 传入的第一个参数是匿名函数。由于结果 r 是一个 Iterator，Iterator 是惰性序列，因此通过 list() 函数让它把整个序列都计算出来并返回一个 list。

2. filter() 函数

filter() 函数用于过滤序列，过滤掉不符合条件的元素，返回由符合条件元素组成的新列表。filter() 函数的语法如下所示：

```
filter(function, iterable)
```

filter() 函数接收两个参数，第一个为函数，第二个为序列。序列的每个元素作为参数传递给函数进行判断，然后返回 True 或 False，最后将返回 True 的元素放到新列表中。例如，在一个 list 中，删掉偶数，只保留奇数，用 filter() 函数实现如下：

```
>>> r=filter(lambda x:x%2==1,[1,2,3,4,5,6,7,8])
>>> print(list(r))
[1, 3, 5, 7]
```

3. reduce() 函数

reduce() 函数会对参数序列中元素进行累积。reduce() 函数语法如下：

```
reduce(function, iterable[, initializer])
```

其中，参数 function () 函数有两个参数；iterable 是可迭代对象；initializer 是可选参数，它表示初始参数。

reduce() 函数将一个数据集合（链表、元组等）iterable 中的所有数据进行下列操作：用传给 reduce() 中的函数 function() 先对集合中的第 1、2 个元素进行操作，得到的结果再与第三个数据用 function () 函数运算，最后得到一个结果。

例如，计算 1+2+3+4+5 的值，用 reduce() 函数实现如下：

```
>>> from functools import reduce
>>> reduce(add,[1,2,3,4,5])
15
```

在 Python 3 里，reduce() 函数已经被从全局名字空间里移除了，它现在被放置在 fucntools 模块里，用的话要先引入。

6.9 日期时间函数

Python 程序能用很多方式处理日期和时间，转换日期格式是一个常见的功能。Python 提供了一个 time 和 calendar 模块可以用于格式化日期和时间。时间间隔是以秒为单位的浮点小数。每个时间戳都以从 1970 年 1 月 1 日午夜（历元）经过了多长时间来表示。

6.9.1 时间函数

1. 时间戳

Python 的 time 模块下有很多函数可以转换常见日期格式，如函数 time.time() 用于获取当前时间戳，如下所示。

```
>>> import time
>>> ticks=time.time()
>>> print("当前时间戳为：",ticks)
当前时间戳为： 1572353709.169441
```

时间戳单位最适于做日期运算。但是 1970 年之前的日期就无法以此表示了。太遥远的日期也不行，UNIX 和 Windows 只支持到 2038 年。

2. 时间元组

很多 Python 函数用一个元组（装起来的 9 组数字）处理时间，也就是 struct_time 元组，这种结构具有表 6-2 所示属性。

表 6-2 struct_time 元组

序 号	属 性	字 段	值
0	tm_year	4 位数年	2008
1	tm_mon	月	1 到 12
2	tm_mday	日	1 到 31
3	tm_hour	小时	0 到 23
4	tm_min	分钟	0 到 59
5	tm_sec	秒	0 到 61 (60 或 61 是闰秒)
6	tm_wday	一周的第几日	0 到 6 (0 是周一)
7	tm_yday	一年的第几日	1 到 366(儒略历)
8	tm_isdst	夏令时	-1, 0, 1, -1 是决定是否为夏令时的旗帜

3. 获取当前时间

从返回浮点数的时间戳方式向时间元组转换，只要将浮点数传递给如 localtime() 之类的函数。例如：

```
>>> import time
>>> localtime=time.localtime(time.time())
>>> print("本地时间为：",localtime)
本地时间为： time.struct_time(tm_year=2019, tm_mon=10, tm_mday=30, tm_
hour=14, tm_min=28, tm_sec=9, tm_wday=2, tm_yday=303, tm_isdst=0)
```

4. 获取格式化的时间

简单地获取可读的时间模式的函数是 asctime()。

```
>>> import time
>>> localtime=time.asctime(time.localtime(time.time()))
>>> print("本地时间：",localtime)
```

```
本地时间 : Wed Oct 30 14:31:45 2019
```

5. 格式化日期

可以使用 time 模块的 strftime() 方法来格式化日期。

```
>>> import time
>>> print(time.strftime("%Y-%m_%d %H:%M:%S",time.localtime()))
2019-10_30 14:38:57
>>> print(time.strftime("%a %b %d %H:%M:%S %Y",time.localtime()))
Wed Oct 30 14:55:52 2019
# 将格式字符串转换为时间戳
a=time.strftime("%a %b %d %H:%M:%S %Y",time.localtime())
>>> print(time.mktime(time.strptime(a,"%a %b %d %H:%M:%S %Y")))
1572418614.0
```

Python 中时间日期格式化符号描述如下所示：

- %y：两位数的年份表示（00 ~ 99）。
- %Y：四位数的年份表示（000 ~ 9999）。
- %m：月份（01 ~ 12）。
- %d：月内中的一天（0 ~ 31）。
- %H：24 小时制小时数（0 ~ 23）。
- %I：12 小时制小时数（01 ~ 12）。
- %M：分钟数（00 ~ 59）。
- %S：秒（00 ~ 59）。
- %a：本地简化星期名称。
- %A：本地完整星期名称。
- %b：本地简化的月份名称。
- %B：本地完整的月份名称。
- %c：本地相应的日期表示和时间表示。
- %j：年内的一天（001 ~ 366）。
- %p：本地 A.M. 或 P.M. 的等价符。
- %U：一年中的星期数（00 ~ 53）星期天为星期的开始。
- %w：星期（0 ~ 6），星期天为星期的开始。
- %W：一年中的星期数（00 ~ 53）星期一为星期的开始。
- %x：本地相应的日期表示。
- %X：本地相应的时间表示。
- %Z：当前时区的名称。

6. 获取某月日历

Calendar 模块有很广泛的方法用来处理年历和月历，例如打印某月的月历：

```
>>> import calendar
```

```
>>> cal=calendar.month(2019,10)
>>> print(cal)
    October 2019
Mo Tu We Th Fr Sa Su
    1  2  3  4  5  6
 7  8  9 10 11 12 13
14 15 16 17 18 19 20
21 22 23 24 25 26 27
28 29 30 31
```

6.9.2 Time和Calendar模块

1. Time模块

Time模块包含了表6–3所示的内置函数，既有时间处理的，也有转换时间格式的。

表6-3　Time模块内置函数

序　号	函数及描述
1	time.altzone 返回格林尼治西部的夏令时地区的偏移秒数。如果该地区在格林尼治东部会返回负值（如西欧，包括英国）。对夏令时启用地区才能使用
2	time.asctime([tupletime]) 接受时间元组并返回一个可读的形式为"Tue Dec 11 18:07:14 2018"（2018年12月11日 周二18时07分14秒）的24个字符的字符串
3	time.clock( ) 用以浮点数计算的秒数返回当前的CPU时间。用来衡量不同程序的耗时，比time.time()更有用
4	time.ctime([secs]) 作用相当于asctime(localtime(secs))，未给参数相当于asctime()
5	time.gmtime([secs]) 接收时间戳（1970纪元后经过的浮点秒数）并返回格林尼治天文时间下的时间元组t。注：t.tm_isdst始终为0
6	time.localtime([secs]) 接收时间戳（1970纪元后经过的浮点秒数）并返回当地时间下的时间元组t（t.tm_isdst可取0或1，取决于当地当时是不是夏令时）
7	time.mktime(tupletime) 接收时间元组并返回时间戳（1970纪元后经过的浮点秒数）
8	time.sleep(secs) 推迟调用线程的运行，secs指秒数。
9	time.strftime(fmt[,tupletime]) 接收时间元组，并返回以可读字符串表示的当地时间，格式由fmt决定
10	time.strptime(str,fmt='%a %b %d %H:%M:%S %Y') 根据fmt的格式把一个时间字符串解析为时间元组
11	time.time( ) 返回当前时间的时间戳（1970纪元后经过的浮点秒数）
12	time.tzset() 根据环境变量TZ重新初始化时间相关设置

2. Calendar 模块

Calendar 模块的函数都是日历相关的，例如打印某月的字符月历。星期一是默认的每周第一天，星期天是默认的最后一天。更改设置需调用 calendar.setfirstweekday() 函数。Calendar 模块包含的内置函数如表 6-4 所示。

表 6-4 Calendar 模块内置函数

序 号	函数及描述
1	calendar.calendar(year,w=2,l=1,c=6) 返回一个多行字符串格式的 year 年年历，3 个月一行，间隔距离为 c。每日宽度间隔为 w 字符。每行长度为 21* W+18+2* C。l 是每星期行数
2	calendar.firstweekday( ) 返回当前每周起始日期的设置。默认情况下，首次载入 calendar 模块时返回 0，即星期一
3	calendar.isleap(year) 是闰年返回 True，否则为 false
4	calendar.leapdays(y1,y2) 返回在 y1、y2 两年之间的闰年总数
5	calendar.month(year,month,w=2,l=1) 返回一个多行字符串格式的 year（年）、month（月）日历，两行标题，一周一行。每日宽度间隔为 w 字符。每行的长度为 7* w+6。l 是每星期的行数
6	calendar.monthcalendar(year,month) 返回一个整数的单层嵌套列表。每个子列表装载代表一个星期的整数。Year 年 month 月外的日期都设为 0；范围内的日子都由该月第几日表示，从 1 开始
7	calendar.monthrange(year,month) 返回两个整数。第一个是该月的星期几的日期码，第二个是该月的日期码。日从 0（星期一）到 6（星期日）；月从 1 到 12
8	calendar.prcal(year,w=2,l=1,c=6) 相当于 print calendar.calendar(year,w,l,c)
9	calendar.prmonth(year,month,w=2,l=1) 相当于 print calendar.calendar（year，w，l，c）
10	calendar.setfirstweekday(weekday) 设置每周的起始日期码。0（星期一）到 6（星期日）
11	calendar.timegm(tupletime) 和 time.gmtime 相反：接收一个时间元组形式，返回该时刻的时间戳（1970 纪元后经过的浮点秒数）
12	calendar.weekday(year,month,day) 返回给定日期的日期码。0（星期一）到 6（星期日）。月份为 1（一月）到 12（12 月）

在 Python 中，其他处理日期和时间的模块还有 datetime 模块、pytz 模块、dateutil 模块等。

6.10 随机函数

random 是 Python 中与随机数相关的模块，其本质就是一个伪随机数生成器，我们可以利用 random 模块生成各种不同的随机数，以及一些基于随机数的操作。该模块可以生成 0 ~ 1 的浮点随机数，也可以在一个序列中进行随机选择，产生的随机数可以是均匀分布、高斯分布、对数正态分布、负指数分布以及 alpha、beta 分布，但这些随机数不适合使用在以加密为目的的应用中。因为这些模块中的随机数是伪随机数，不能应用于安全加密，如果需要一个真正的密码安全随机数，则需要使用 os.urandom() 或者 random 模块中的 SystemRandom 类来实现。

6.10.1 random 模块常用函数

random 模块的主要函数如表 6–5 所示。

表 6–5 random 模块主要函数

函数名	说明	用法
random()	生成一个 0~1 之间的随机浮点数，范围为 0 ≤ n < 1.0	random.random()
uniform(a,b)	返回 a、b 之间的随机浮点数，范围为 [a, b] 或 [a, b), 取决于四舍五入，a 不一定要比 b 小	random.uniform(1,5)
randint(a, b)	返回 a, b 之间的整数，范围为 [a, b]，注意：传入参数必须是整数，a 一定要比 b 小	random.randint(0, 100)
randrang([start], stop[, step])	类似 range() 函数，返回区间内的整数，可以设置 step	random.randrang(1, 10, 2)
choice(seq)	从序列 seq 中随机读取一个元素	random.choice([1,2,3,4,5])
choices(seq,k)	从序列 seq 中随机读取 k 个元素，k 默认为 1	random.choices([1,2,3,4,5], k=3)
shuffle(x)	将列表中的元素打乱，俗称为洗牌。会修改原有序列	random.shuffle([1,2,3,4,5])
sample(seq, k)	从指定序列中随机获取 k 个元素作为一个片段返回，sample() 函数不会修改原有序列	random.sample([1,2,3,4,5], 2)

random 模块中常用函数的举例如下所示：

```
>>> import random
>>> print("random 1:",random.random())
random 1: 0.6195257293213213
>>> print(random.uniform(1,10))
2.3435617976685
>>> print(random.randint(10,20))
16
>>> print(random.randrange(10,18,2))
12
>>> print(random.choice(("python","tab","com")))
python
>>> list=[1,2,3,4,5,6,7,8,9,10]
>>> random.shuffle(list)
>>> print(list)
[4, 3, 10, 9, 1, 6, 8, 2, 7, 5]
>>> slice=random.sample(list,4)
>>> print(slice)
[2, 7, 6, 3]
```

```
>>> print(list)
[4, 3, 10, 9, 1, 6, 8, 2, 7, 5]
```

6.10.2 标准库 string

random 库中的大多数函数使用时，都需要先设计一个序列。如果我们不想每次都去定义，而只是想随机取出一些数字、字母组合的话，就需要用到另一个标准库 string。

```
import string
```

string 的常量和值，如表 6–6 所示。

表 6-6 string 库的常量和值

常　量	值	说　明
ascii_lowercase	'abcdefghijklmnopqrstuvwxyz'	a–z 全小写字母
ascii_uppercase	'ABCDEFGHIJKLMNOPQRSTUVWXYZ'	A–Z 全大写字母
ascii_letters	ascii_lowercase + ascii_uppercase	所有大小写字母
digits	'0123456789'	0–9 数字集合
hexdigits	digits + 'abcdef' + 'ABCDEF'	十六进制集合
octdigits	'01234567'	八进制集合
punctuation	!” #$%&’ ()*+,–./:;<=>?@[]^_`{|}~	特殊字符组合
printable	digits + ascii_letters + punctuation + whitespace	所有字符集合

把 string 和 random 组合使用，随机验证码的生成代码如例 6.35 所示。

【例 6.35】CH06_35_string_random.py。

```
import random
import string
s=string.digits + string.ascii_letters
v=random.sample(s,4)
print(v)
print(''.join(v))
```

运行结果如下所示：

```
['d', 'n', 'x', '7']
dnx7
```

以上只是 random 模块和 string 模块的简单介绍。

小　结

本章对函数的定义和调用、函数的参数和返回值、嵌套函数、递归函数、变量的作用域、函数变量、闭包函数、匿名函数、装饰器、日期函数、随机函数等进行了详细地介绍和使用说明。函数作为能被重复调用的代码段，能够提高程序的独立性。Python 系统也提供了内置函数供用户使用，用户可以查询相关的函数手册了解 Python 内置函数的用法，以提高 Python 程序设计的能力。

习 题

一、选择题

1. 下面关于函数的说法，错误的是（ ）。

 A. 函数可以减少代码的重复，使得程序更加模块化

 B. 在不同的函数中可以使用相同名字的变量

 C. 调用函数时，传入参数的顺序和函数定义时的顺序可以不同

 D. 函数体中如果没有return语句，也会返回一个None值

2. 使用（ ）关键字创建自定义函数。

 A. Function B. func C. def D. procedure

3. Python函数声明的正确形式为（ ）。

 A. var func={} B. def funct(test):

 C. void func(){} D. begin f(): end

4. 使用（ ）关键字声明匿名函数。

 A. function B. func C. def D.lambda

二、填空题

1. 函数能处理比声明时更多的参数，它们是________参数。

2. 在函数里面调用另外一个函数，这就是函数________调用。

3. 在函数的内部定义的变量称作________变量。全局变量定义在函数外，可以在______范围内访问。

4. Python的函数也是一种值：所有函数都是______对象。

5. 闭包中外部函数返回的不是某一个具体的值，而是一个______。

6. 如果想在函数中修改全部变量，需要在变量的前面加上______关键字。

三、简答题

1. 简述变量的作用域有哪些。

2. 描述嵌套函数和闭包函数的区别。

3. 列举常见的Python内置函数。

4. 什么是装饰器，它有哪几种类型？

四、编程题

1. 编写一个函数：当输入n为偶数时，调用函数求1/2+1/4+...+1/n；当输入n为奇数时，调用函数求1/1+1/3+...+1/n。

2. 随机生成20个学生的成绩，判断这20个学生成绩的等级。

3. 编写一个名为favorite_book()的函数，其中包含一个名为title的形参。这个函数打印一条消息，如One of my favorite books is Alice in Wonderland 。调用这个函数，并将一本图书的名称作为实参传递给它。

第7章 异　　常

当用户想读取一个不存在的文件时，就会发生一些例外情况。很显然，编程过程中，会碰到很多形式的与文件读取错误相类似的情况，这些例外情况在任何一种语言的编程中都会碰到。这种例外的情况有一个专用的名字——异常。异常会引起程序的中断，如果需要程序在遇到异常时不中断运行，就需要对异常进行捕捉以及处理。

7.1 异常信息

一般情况下，在 Python 无法正常处理程序时就会发生一个异常。每个异常都是某个类的实例，表示一个错误，会在程序执行过程中发生并影响程序的正常执行。异常发生时，如果异常对象没有被捕捉和处理。程序就会用所谓的回溯（Traceback）终止执行，这些异常信息包括异常类型、异常的名称、原因和错误发生的行号，其中，异常信息中最重要的部分是异常类型，异常类型是引起异常的原因，也是异常处理的依据。

输入下面一行代码：

```
1/0
```

运行后，Python 解释器返回了异常信息，同时退出程序。

```
Traceback (most recent call last):
  File "D:/PythonDemo/exception/.idea/test01.py", line 1, in <module>
  1/0
ZeroDivisionError: division by zero
```

- Traceback：异常回溯标记。
- D:/PythonDemo/exception/.idea/test01.py：发生异常的文件路径。
- line 1：发生异常的代码行数。
- ZeroDivisionError：异常类型。
- division by zero：异常内容提示。

Python 中，所有的异常都是 Exception 的子类。

内置异常类的层次结构如下：

```
BaseException          # 所有异常的基类
 +-- SystemExit        # 解释器请求退出
 +-- KeyboardInterrupt   # 用户中断执行 (通常是输入 ^C)
 +-- GeneratorExit   # 生成器 (generator) 发生异常来通知退出
```

```
+-- Exception          # 常规异常的基类
    +-- StopIteration  # 迭代器没有更多的值
    +-- StopAsyncIteration # 必须通过异步迭代器对象的__anext__()方法引发以
                             停止迭代
    +-- ArithmeticError     # 各种算术错误引发的内置异常的基类
    |    +-- FloatingPointError  # 浮点计算错误
    |    +-- OverflowError  # 数值运算结果太大无法表示
    |    +-- ZeroDivisionError   # 除(或取模)零 (所有数据类型)
    +-- AssertionError  # 当assert语句失败时引发
    +-- AttributeError  # 属性引用或赋值失败
    +-- BufferError       # 无法执行与缓冲区相关的操作时引发
    +-- EOFError # 当input()函数在没有读取任何数据的情况下达到文件结束条件
                   (EOF)时引发
    +-- ImportError  # 导入模块/对象失败
    |    +-- ModuleNotFoundError  # 无法找到模块或在sys.modules中找到None
    +-- LookupError  # 映射或序列上使用的键或索引无效时引发异常的基类
    |    +-- IndexError  # 序列中没有此索引(index)
    |    +-- KeyError     # 映射中没有这个键
    +-- MemoryError        # 内存溢出错误(对于Python 解释器不是致命的)
    +-- NameError          # 未声明/初始化对象(没有属性)
    |    +-- UnboundLocalError  # 访问未初始化的本地变量
    +-- OSError  # 操作系统错误,EnvironmentError,IOError,WindowsError,
                   socket.error,select.error和mmap.error已合并到
                   OSError中,构造函数可能返回子类
    |    +-- BlockingIOError  # 操作将阻塞对象(e.g. socket)设置为非阻塞操作
    |    +-- ChildProcessError  # 在子进程上的操作失败
    |    +-- ConnectionError  # 与连接相关异常的基类
    |    |    +-- BrokenPipeError  # 另一端关闭时尝试写入管道或试图在已关闭
                                     写入的套接字上写入
    |    |    +-- ConnectionAbortedError  # 连接尝试被对等方中止
    |    |    +-- ConnectionRefusedError  # 连接尝试被对等方拒绝
    |    |    +-- ConnectionResetError    # 连接由对等方重置
    |    +-- FileExistsError     # 创建已存在的文件或目录
    |    +-- FileNotFoundError  # 请求不存在的文件或目录
    |    +-- InterruptedError    # 系统调用被输入信号中断
    |    +-- IsADirectoryError  # 在目录上请求文件操作(例如 os.remove())
    |    +-- NotADirectoryError # 在不是目录的事物上请求目录操作(例如
                                  os.listdir())
    |    +-- PermissionError     # 尝试在没有足够访问权限的情况下运行操作
    |    +-- ProcessLookupError # 给定进程不存在
    |    +-- TimeoutError  # 系统函数在系统级别超时
    +-- ReferenceError       # weakref.proxy()函数创建的弱引用试图访问已经垃圾
                               回收了的对象
```

```
  +-- RuntimeError  # 在检测到不属于任何其他类别的错误时触发
  |    +-- NotImplementedError  # 在用户定义的基类中，抽象方法要求派生类重
                                  写该方法或者正在开发的类指示仍然需要添加
                                  实际实现
  |    +-- RecursionError        # 解释器检测到超出最大递归深度
  +-- SyntaxError                # Python 语法错误
  |    +-- IndentationError      # 缩进错误
  |         +-- TabError         # Tab 和空格混用
  +-- SystemError  # 解释器发现内部错误
  +-- TypeError    # 操作或函数应用于不适当类型的对象
  +-- ValueError   # 操作或函数接收到具有正确类型但值不合适的参数
  |    +-- UnicodeError  # 发生与 Unicode 相关的编码或解码错误
  |         +-- UnicodeDecodeError      # Unicode 解码错误
  |         +-- UnicodeEncodeError      # Unicode 编码错误
  |         +-- UnicodeTranslateError   # Unicode 转码错误
  +-- Warning  # 警告的基类
       +-- DeprecationWarning  # 有关已弃用功能的警告的基类
       +-- PendingDeprecationWarning  # 有关不推荐使用功能的警告的基类
       +-- RuntimeWarning  # 有关可疑的运行时行为的警告的基类
       +-- SyntaxWarning   # 关于可疑语法警告的基类
       +-- UserWarning     # 用户代码生成警告的基类
       +-- FutureWarning   # 有关已弃用功能的警告的基类
       +-- ImportWarning   # 关于模块导入时可能出错的警告的基类
       +-- UnicodeWarning  # 与 Unicode 相关的警告的基类
       +-- BytesWarning    # 与 bytes 和 bytearray 相关的警告的基类
       +-- ResourceWarning  # 与资源使用相关的警告的基类。被默认警告过滤器忽略
```

7.1.1 raise 异常类

使用 raise 语句，用 Exception 的子类或实例作为参数可以引发异常，如果用类作为参数时，将自动创建一个实例。

```
>>> raise Exception
Traceback (most recent call last):
  File "<pyshell#0>", line 1, in <module>
    raise Exception
Exception
>>> raise Exception("nameError")
Traceback (most recent call last):
  File "<pyshell#1>", line 1, in <module>
    raise Exception("nameError")
Exception: nameError
```

第一个示例中引发了通用异常，第二个示例中添加了异常提示信息。

7.1.2 raise 异常实例

```
>>> err=NameError()
>>> raise err
Traceback (most recent call last):
  File "<pyshell#3>", line 1, in <module>
    raise err
NameError
```

上述例子是直接使用实例对象引发异常。先创建了一个 NameError 类的实例，然后用 raise 语句引发 err 实例

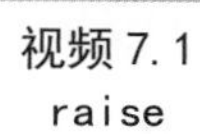
视频 7.1
raise

7.1.3 raise

捕获异常后，如果想要 raise 语句不带任何参数，单独使用时，可以再次引发刚刚发生过的异常，作用是向外传递异常。

```
try:
     raise NameError
except:
     print(" 出错了 ")
     raise
```

运行后结果如下：

```
Traceback (most recent call last):
出错了
File "exception701.py", line 2, in <module>
    raise NameError
NameError
```

7.1.4 raise... from...

```
try:
    print(1 / 0)
except Exception as exc:
    raise RuntimeError("Something wrong") from exc
```

视频 7.2
raise-form

运行后结果如下：

```
    print(1 / 0)
ZeroDivisionError: division by zero
The above exception was the direct cause of the following exception:
Traceback (most recent call last):
File "exception702.py", line 4, in <module>
    raise RuntimeError("Something wrong") from exc
RuntimeError: Something wrong
```

raise 和 raise... from... 之间的区别在于：from 会为异常对象设置 __cause__ 属性，表明异常是由谁直接引起的。

处理异常时发生了新的异常，在不使用 from 时更倾向于新异常与正在处理的异常没有关联。而 from 则是能指出新异常是因旧异常直接引起的。这样的异常之间的关联有助于后续对异常的分析和排查。from 语法会有个限制，就是第二个表达式必须是另一个异常类或实例。

7.2 异常捕获

Python 脚本发生异常时，需要捕获处理异常，否则程序会终止执行。

捕捉异常可以使用 try... except 语句。

try... except 语句用来检测 try 语句块中的错误，从而让 except 语句捕获异常信息并处理。

如果不想在异常发生时结束程序，只需在 try 里捕获它。

以下为 try... except... else... finally... 的语法，该语法结构包括了异常的各种情况。

```
try:
    <语句块>                # 运行代码
except <名字1>:
    <异常处理代码>          # 如果在 try 部分引发了名字 1 异常
except <名字2>:
    <异常处理代码>          # 如果在 try 部分引发了名字 2 异常
else:
    <语句>                  # 如果没有异常发生
finally:
    <语句>                  # 无论异常是否发生，都会执行
```

try 的工作原理是，当开始一个 try 语句后，Python 就在当前程序的上下文中作标记，这样当异常出现时就可以回到这里，try 子句先执行，接下来会发生什么依赖于执行时是否出现异常。

如果当 try 后的语句执行时发生异常，Python 就跳回到 try 并执行第一个匹配该异常的 except 子句，异常处理完毕，控制流就通过整个 try 语句（除非在处理异常时又引发新的异常）。

如果在 try 后的语句里发生了异常，却没有匹配的 except 子句，异常将被递交到上层的 try，或者到程序的最上层（这样将结束程序，并打印默认的出错信息）。

如果在 try 子句执行时没有发生异常，Python 将执行 else 语句后的语句（如果有 else 的话），然后控制流通过整个 try 语句。

所有的 except 必须出现在 else 和 finally 之前，else（如果有的话）必须在 finally 之前，而 except X 必须在 except 之前。否则会出现语法错误。

对于上面所展示的 try... except 完整格式而言，else 和 finally 都是可选的，而不是必须的，但是如果存在的话，else 必须在 finally 之前。finally（如果存在的话）必须在整个语句的最后位置。

接下来我们通过几个例子来说明 try... except... else... finally... 的使用。

1. try... except 指定异常

```
try:
    first_num = eval(input("请输入第 1 个数: "))
    second_num = eval(input("请输入第 2 个数: "))
    print((first_num) / (second_num))
except ZeroDivisionError:
    print("第 2 个数不能为 0")
```

视频 7.3
try_except

except 子句后面加上指定的异常名称，可以实现捕获指定异常。运行后结果如下：

```
请输入第 1 个数: 1
请输入第 2 个数: 0
第 2 个数不能为 0
```

如果第一个数输入一个字符时，仍然会引发异常。

```
请输入第 1 个数: i
Traceback (most recent call last):
  File "exception01.py", line 2, in <module>
    first_num = eval(input("请输入第 1 个数: "))
  File "<string>", line 1, in <module>
NameError: name 'i' is not defined
```

如果想要捕获到 NameError 异常，可以在程序中增加一个 except 子句。

2. try... except... except...

```
try:
    first_num = eval(input("请输入第 1 个数: "))
    second_num = eval(input("请输入第 2 个数: "))
    print((first_num) / (second_num))
except ZeroDivisionError:
    print("错误提示: 第 2 个数不能为 0")
except NameError:
    print("错误提示: 只能输入数字")
```

视频 7.4
try-except-except

处理多个异常时，可以需要根据出现的异常情况来选择执行相应的 except 语句。

当第 2 个数输入为 0 时，运行结果如下：

```
请输入第 1 个数: 2
请输入第 2 个数: 0
错误提示: 第 2 个数不能为 0
```

当输入字符为非数字字符时，运行结果如下：

```
请输入第 1 个数: u
错误提示: 只能输入数字
```

3. try... except... as...

try... except... as... 可以用来捕获指定异常并输出异常的描述信息。except 后面是异常类型，可以是单个异常，也可以是用逗号分隔的多个异常，as 后面是异常的别名。

```
try:
    first_num = eval(input("请输入第 1 个数: "))
    second_num = eval(input("请输入第 2 个数: "))
    print((first_num) / (second_num))
except (ZeroDivisionError, ValueError) as result:
    print("捕捉到异常:{}" .format(result))
```

视频 7.5
try-except-as

除数为 0 时，运行结果如下：

```
请输入第 1 个数: 1
请输入第 2 个数: 0
捕捉到异常:division by zero
```

输入非数字字符时，运行结果如下：

```
请输入第 1 个数: i
捕捉到异常:name 'i' is not defined
```

当需要捕获全部异常并输出异常信息时，可以使用如下方式：

```
try:
    first_num = eval(input("请输入第 1 个数: "))
    second_num = eval(input("请输入第 2 个数: "))
    print((first_num) / (second_num))
except Exception as result:
    print("捕捉到异常:{}" .format(result))
```

视频 7.6
try-except-as

4. try... except... as... except

```
try:
    first_num = eval(input("请输入第 1 个数: "))
    second_num = eval(input("请输入第 2 个数: "))
    print((first_num) / (second_num))
except Exception as result:
    print("捕捉到异常:{}" .format(result))
except:
    print("出现错误了")
```

视频 7.7
try-except-as-axcept

当 excepet...as... 和 except 同时存在时，except 必须放在后面，否则会报错。

5. try... except... else...

```
try:
    first_num = eval(input("请输入第 1 个数: "))
    second_num = eval(input("请输入第 2 个数: "))
    print((first_num) / (second_num))
except Exception as result:
    print("捕捉到异常:{}".format(result))
else:
    print("程序正常运行")
```

视频 7.8
try-except-else

如果 try 语句中没有错误信息，则 try 语句块不会发生中断，except 语句也不会被执行，转而会执行 else 语句。else 语句是可选的，不是必须的；所有的 except 必须在 else 之前。

6. finally

finally 子句，一般主要用于发生异常时的清理工作。

```
x=None
try:
    x=1/0
finally:
    print("cleaning")
    del x
```

视频 7.9
finally

不管 try 子句中发生何种异常，finally 子句都会被执行。上例中 del x 就是一种比较简单的清理工作，finally 子句比较常见的应用场合是文件关闭、网络套接字的关闭等。

小　结

本章主要介绍了程序编程过程发生错误或异常导致程序中断时的异常处理方式，包括异常类、异常抛出和一些内置异常的捕捉方式。通过本章的学习，读者应该了解异常发生的基本原理，以及在后续编程中如何正确使用异常处理方式。

习　题

1. 编写一个减法程序，当第一个数小于第二个数时，抛出“被减数不能小于减数”的异常。
2. 编写一个包含文件打开、内容返回、文件关闭的函数，用异常来处理整个过程中可能发生的错误。
3. 输入一个长度不大于 5 的字符串，并用异常来处理该过程。

第8章 Python面向对象编程

Python 从设计之初就已经是一门面向对象的语言，所以，在 Python 中是很容易创建一个类和对象的。本章我们将详细介绍 Python 的面向对象编程。

8.1 面向对象编程概述

面向对象编程（Object Oriented Programming，OOP），是一种程序设计思想。面向对象编程把对象作为程序设计的基本单元，对象中包含了数据和操作数据的函数。面向对象程序设计是在面向过程的程序设计方法上发展起来的。下面先介绍面向过程的程序设计方法。

面向过程的程序设计核心是“过程”二字，过程指的是解决问题的步骤，即先干什么再干什么，面向过程的设计就好比精心设计好一条流水线。面向过程程序设计基本步骤就是：分析程序从输入到输出的过程，按照执行过程从前到后编写程序，将高耦合部分封装成模块或函数，输入参数并按照程序执行过程调试。

面向过程的程序设计的典型方法是“结构化程序设计”方法，是由荷兰学者 Dijkstra 在 20 世纪 70 年代提出的。面向过程的程序设计原则是自上而下、逐步求精、模块化编程等。程序结构按功能划分为若干个基本模块。各模块间的关系尽可能简单，功能上相对独立；每一模块内部均是由顺序、选择和循环 3 种基本结构组成。其模块化实现的具体方法是使用子程序（过程 / 函数）。面向过程的程序由传递参数的函数集合组成，每个函数处理它的参数，并可能返回某个值。即：主模块 + 子模块，它们之间以数据作为连接（程序 = 算法 + 数据结构）。结构化程序是以过程为中心的。程序员必须基于过程来组织模块。数据处于次要的地位，而过程是关心的重点。

例如铅球投掷问题：在给定不同的投掷角度和初始速度下，计算铅球的飞行距离。使用面向过程的方法描述如下：

- 输入：铅球发射角度、初始速度（m/s）、初始高度（m）。
- 处理：模拟铅球飞行，时刻更新铅球在飞行中的位置。
- 输出：铅球飞行距离（m）。

其中参数有：投掷角度 angle，初始速度 vel，初始高度 h0，飞行时间 interval，x 轴坐标 xpos，y 轴坐标 ypos，x 轴方向上速度 xvel，y 轴方向上速度 yvel。

接收用户输入模块设计代码如下：

```
def getInputs():
    angle = eval(input("Enter the launch angle (in degrees):"))
```

```
    vel = eval(input("Enter the initial velocity (in meters/sec):"))
    h0 = eval(input("Enter the initial height (in meters):"))
    time = eval(input("Enter the time interval:"))
    return angle,vel,h0,time
```

假设 x 轴的速度 xvel = vel*cos(theta) ，y 轴的速度 yvel= vel*sin(theta)，其中 theta = radians(angle) ，将输入的角度值转换为弧度值。

```
def getXYComponents(vel,angle):
    theta = radians(angle)
    xvel = vel * cos(theta)
    yvel = vel * sin(theta)
    return xvel, yvel
```

铅球在空中飞行过程中，它的速度、坐标都在随时间发生变化。我们定义如下的模块来描述这种变化：

```
def updatPosition(time, xpos,ypos,xvel,yvel):
    xpos = xpos + time * xvel
    yvell = yvel - time * 9.8
    ypos = ypos + time * (yvel + yvell) / 2.0
    yvel = yvell
    return xpos, ypos,yvel
```

定义主函数来调用定义好的模块，如下所示：

```
from from math import pi,sin,cos,radians
def main():
     angle,vel,h0,time = getInputs()
     xpos,ypos = 0,h0
     xvel,yvel = getXYComponents(vel,angle)
     while ypos >= 0:
          xpos, ypos, yvel = updatPosition(time,xpos,ypos,xvel,yvel)
     print("\nDistance traveled:{0:0.1f}meters.".format(xpos))
```

面向过程的程序设计有效地将一个较复杂的程序系统设计任务分解成许多易于控制和处理的子任务，便于开发和维护。

面向过程的程序设计也存在以下明显的不足之处：

- 数据与处理数据的方法（函数）相分离。一旦问题（数据）改变，程序员则需要改写或重新编写新的解决方法（功能函数），有时几个关键的数据结构发生变化，将导致整个软件系统的结构崩溃。随着软件规模和复杂性的增长，这种缺陷日益明显。当程序达到一定规模后，为了修改一个小的错误，常可能引出多个大的错误，究其原因，问题就出在传统的程序设计方式上。一般适用于中小型的程序设计及编程应用。
- 管理的数据类型无法满足需要。当前的软件应用领域已从传统的科学计算和事务处理扩展到了其他的很多方面，如人工智能、计算机辅助设计和辅助制造等，所需处理的数据也已从简单的数字和字符串发展为记录在各种介质上并且有多种格式的多媒体数据，如数字、正文、图形、声音和影像等。数据量和数据类型的空前激增导致了许多程序的规模和复杂性均接近或达到了用结构化程序设计方法无法管理的程度。

● 可重用性差。只能以函数的方式实现代码重用，效率低，是手工作坊式的编程模式。作为软件公司，都希望设计的程序具有可重用性，即能否建立一些具有已知特性的部件，应用程序通过部件组装即可得到一个新的系统。

面向对象的程序设计将数据及对数据的操作方法封装在一起，作为一个相互依存、不可分离的整体——对象。计算机程序视为一组对象的集合，而每个对象都可以接收其他对象发过来的消息，并处理这些消息，计算机程序的执行就是一系列消息在各个对象之间传递。

面向对象中，常用术语包括：

● 类：可以理解是一个模板，通过它可以创建出无数个具体实例。比如，学生类 Student 表示学生类别，通过它可以创建出无数个实例来代表各种不同特征的学生实例（这一过程又称为类的实例化）。

● 对象：类并不能直接使用，通过类创建出的实例（又称对象）才能使用。这有点像汽车图纸和汽车的关系，图纸本身（类）并不能为人们使用，通过图纸创建出的一辆辆车（对象）才能使用。

● 属性：类中的所有变量称为属性。例如，学生 Student 这个类中，studentNumber、studentName、class 等都是这个类拥有的属性。

● 方法：类中的所有函数通常称为方法。不过，和函数所不同的是，类方法至少要包含一个 self 参数（后续会做详细介绍）。例如，Student 类中，getName()、getNumber() 都是这个类所拥有的方法，类方法无法单独使用，只能和类的对象一起使用。

● 封装：封装是面向对象编程的一大特点，面向对象编程的第一步将属性和方法封装到一个抽象的类中，外界使用类创建对象，然后通过对象调用方法。对象方法的细节都被封装在类的内部，其中，一个对象的属性可以是另外一个类创建的对象。

● 继承：继承是面向对象编程的另一个重要特性。在这个概念中，类（称为子类或派生类）会继承其他类（称为超类或基类）的数据和函数成员。

● 多态：不同的子类对象调用相同的父类方法，产生不同的执行结果。多态可以增加代码的灵活度。

面向对象设计的程序模块间的关系更为简单，程序模块的独立性、数据的安全性就有了良好的保障。通过继承与多态性，可以大大提高程序的可重用性，使得软件的开发和维护都更为方便。

Python 支持面向过程、面向对象、函数式编程等多种编程方式。Python 不强制使用任何一种编程方式，可以使用面向过程方式编写任何程序，在编写小程序（少于 500 行代码）时，不会有问题。但对于中等和大型项目来说，面向对象会带来很多优势。

8.2 类和对象

面向对象最重要的概念就是类（Class）和实例（Instance），其中，类是一种抽象的概念，比如 Student 类，而实例是根据类创建出来的一个个具体的“对象”，每个对象都拥有相同的方法，但各自的数据可能不同。Python 中使用类的顺序是：先创建（定义）类，然后再创建类的实例对象，通过实例对象实现特定的功能。

1. 类

在面向对象程序设计中，程序员可以创建任何新的类型，这些类型可以描述每个对象包含的数据和特征，这种类型称为类。类是一些对象的抽象，隐藏了对象内部复杂的结构和实现。类由变量和函数两部分构成，类中的变量称为成员变量，类中的函数称为成员函数。

2. 对象

对象就是类的一个实例。Python 支持许多不同类型的数据。例如：1234(int)、3.14159(float)、"Hello"（string）、[1, 2, 3, 5, 7, 11, 13]（list）、{"CA": " California", " MA": " Massachusetts"}（dictionary）等，以上每种数据都是对象。

在 Python 中，对象属于一种类型（一个特定的对象被认为是类型的实例），对象具有内部数据表示（简单或复合），对象有一组与其他对象交互的方法（函数）。例如 [1, 2, 3, 4] 就是一个 list 对象，该对象内部数据为一个大小为 4 的对象数组或一组独立单元的链接表 <data, pointer to next cell>；操作列表的方法包括：l[i]、l[i:j]、l[i,j,k]、+、*len()、min()、max()、del l[i]、l.append(...)、l.extend(...)、l.count(...)、l.index(...)、l.insert(...)、l.pop(...)、l.remove(...)、l.reverse(...)、l.sort(...) 等。

3. 类和对象的区别

表面上看，对象是某个"类"类型的变量，但对象又不是普通的变量，对象是一个数据和操作的封装体。封装的目的就是阻止非法的访问，因此对象实现了信息的隐藏，外部只能通过操作接口访问对象数据。对象是属于某个已知的类的，因此必须先定义类，然后才能定义对象。从本质上说，对象是一组数据以及操作这些数据的函数。之前介绍的数字、字符串、列表、字典、集合和函数都是 Python 提供的内置对象。

要创建新型对象，必须先创建类。类就类似于内置数据类型，可用于创建特定类型的对象。类指定了对象将包含哪些数据和函数，还指定了对象与其他类的关系。对象封装了数据以及操作这些数据的函数。

4. 类的定义

Python 使用 class 关键字定义一个类，类名首字符一般要大写。当需要创建的类型不能用简单类型来表示时，则需要定义类，然后利用定义的类创建对象。类的格式为：

```
class Class_name:
      类的属性
      类的方法
```

下面是一个示例代码。

【例 8.1】CH08_01_ Person.py。

```
class Person:           # 定义一个人类
    role = 'person'     # 人的角色属性都是人
    def __init__(self,name):
            self.name = name      # 每一个角色都有自己的昵称
    def speak(self):    # 人都可以说话，也就是有一个说话方法
            print("person is speaking...")
```

视频 8.1
Person

其中，self 是指向对象本身的变量，类似于 C++ 的指针。Python 要求，类内定义的每个方法的第一个参数是 self，通过实例调用时，该方法才会绑定到该实例上。

5. 创建对象

创建对象的过程称为实例化。当一个对象被创建之后，包含 3 方面的特性：对象的标识、属性和方法。对象的标识用于区分不同的对象，当对象被创建之后，该对象会获取一块存储空间，存储空间的地址即为对象的标识。对象的属性和方法与类的成员变量和成员函数相对应。对象的创建格式为：

```
对象名 = 类名(参数)
```

对象创建完成之后，使用“对象名.属性名”查看属性，直接，使用“对象名.方法名”调用对象方法。例如：

```
egon = Person('egon')      # 类名() 就等于在执行 Person.__init__()
# 执行完 __init__() 就会返回一个对象。这个对象类似一个字典，存着属于这个人本身的一些属性和方法
print(egon.name)             # 查看属性：对象名.属性名
egon.speak()                 # 调用方法：对象名.方法名()
```

下面，我们来看一个完整的例子演示如何创建对象、添加对象属性并且调用对象方法。

【例 8.2】CH08_02_ Circle.py。

```
from math import pi
class Circle:
    ''' 定义了一个圆形类；提供计算面积(area)和周长(perimeter)的方法 '''
    def __init__(self,radius):
        self.radius = radius
    def area(self):
        return pi * self.radius * self.radius
    def perimeter(self):
        return 2 * pi *self.radius
circle = Circle(10)              # 实例化一个圆
area1 = circle.area()            # 计算圆面积
per1 = circle.perimeter()        # 计算圆周长
circle.type='shape'                    # 添加圆的类别 'shape'
print(area1,per1)                      # 打印圆面积和周长
print(circle.type)
```

视频 8.2 Circle

6. 对象的显示

Python 还提供了一些特殊方法，能够定制对象的打印。如：__str__，用于生成对象的字符串表示（适合于人阅读的形式）；__repr__() 是 Python 类中的一个特殊方法，由于 object 类已提供了该方法，而所有的 Python 类都是 object 类的子类，因此所有的 Python 对象都具有 __repr__() 方法。此外，可以通过 eval() 函数重新生成对象。在大多数类中，方法 __repr__ 都与 __str__ 相同。例如：

```
>>> a="Hello World\n"
>>> print(str(a))
```

```
Hello World
>>> print(repr(a))
'Hello World\n'
>>> import datetime
>>> now=datetime.datetime.now()
>>> print(str(now))
2019-11-13 14:30:20.688875
>>> print(repr(now))
datetime.datetime(2019, 11, 13, 14, 30, 20, 688875)
```

如果要用 __str__ 方法输出自定义的对象，需要在自定义的类中定义 __str__ 方法。

【例 8.3】CH08_03_ Person1.py。

```
class Person:
    def __init__(self):
        self.name="Person"
        self.age=18
    def __str__(self):
        return "Person(%s,%d)"%(self.name,self.age)
    def __repr__(self):
        return "Person(%s,%d)"%(self.name,self.age)
p = Person()
print(str(p))
print(repr(p))
print(p)
```

视频 8.3
Person1

程序运行的结果是：

```
Person(Person,18)
Person(Person,18)
Person(Person,18)
```

7. 属性和方法

类是由属性和方法组成。类的属性是对数据的封装，而类的方法则表示对象具有的行为。Python 的构造函数、析构函数、私有属性或方法都是通过名称约定区分的。此外，Python 还提供了一些有用的内置方法，简化了类的实现。

1）属性

Python 类的属性一般分为私有属性和公有属性，像 C++ 有定义属性的关键字（public、private、protect），而 Python 没有这类关键字，默认情况下所有的属性都是“公有的”，对公有属性的访问没有任何限制，且都会被子类继承，也能从子类中进行访问。若不希望类中的属性在类外被直接访问，就要定义为私有属性。Python 使用约定属性名称来划分属性类型。若属性的名字以两双下画线（__）开始，表示私有属性；反之，没有使用双下画线开始的表示公有属性。类的方法也同样使用这样的约定。另外，Python 没有保护类型的修饰符。

实例属性是以 self 为前缀的属性，没有该前缀的属性是普通的局部变量。C++ 中有一类特殊的属性称为静态变量。静态变量可以被类直接调用，而不被实例化对象调用。当创建新的实例化对象后，静态变量并不会获取新的内存空间，而是使用类创建的内存空间。因此，静态变量能够被多个实例化对象共享。

在 Python 中，静态变量称为类变量。类变量可以在该类的所有实例中被共享。例 8.4 演示了类属性、实例属性和局部变量的使用。

【例 8.4】CH08_04_ Fruit.py。

```
class Fruit(object):
    price=0     # 类属性
    def __init__(self):
          self.color='red'    # 实例属性
          zone='China'        # 局部变量
print(Fruit.price)            # 使用类名调用类变量
apple=Fruit()                 # 实例化 apple
print(apple.color)            # 打印 apple 实例的颜色
Fruit.price=Fruit.price+5     # 将类属性变量加上 5
```

视频 8.4 Fruit

类的私有属性不能从外部直接访问。Python 提供了直接访问私有属性的方式，可用于程序的测试和调试。私有属性访问的格式：

```
instance._classname__attribute
```

其中，instance 表示实例化对象，classname 表示类名，attibute 表示私有属性。需要注意的是：classname 之前是单下画线，attribute 之前是双下画线。下面代码演示了私有属性的访问。

```
# 访问私有属性
class Fruit(object):
      def __init__(self):
            self.__color="red"        # 定义私有变量
apple=Fruit()                         # 实例化 apple
print(apple._Fruit__color)            # 调用类的私有变量
```

程序运行结果为：

```
red
```

2）方法

类中的方法也可以有更细致的划分，具体可分为实例方法、类方法和静态方法。

（1）实例方法。通常情况下，在类中定义的方法默认都是实例方法。前面章节中，我们已经定义了不止一个实例方法。不仅如此，类的构造方法理论上也属于实例方法，只不过它比较特殊。

实例方法也分为公有方法和私有方法。私有方法不能被模块外的类或方法调用，私有方法也不能被外部的类或函数调用。

（2）类方法。Python 类方法和实例方法相似，它最少也要包含一个参数，只不过，类方法中通常将其命名为 cls，且 Python 会自动将类本身绑定给 cls 参数（而不是类对象）。因此，在调用类方法时，无须显式为 cls 参数传参。类方法需要使用@ classmethod 进行修饰。

在类的内部，使用 def 关键字来定义一个方法，与一般函数定义不同，类方法必须包含参数 self，且为第一个参数，self 代表的是类的实例。

【例 8.5】CH08_05_ Fruit1.py。

```
class Fruit(object):
    def __init__(self):
        self.__color="red"  # 定义私有变量
    # classmethod 修饰的方法是类方法
    @classmethod
    def cook(cls):
        print('类方法 cook: ', cls)
Fruit.cook()              # 调用类方法，Fruit 类会自动绑定到第一个参数
apple=Fruit()
apple.cook()              # 使用实例对象来调用类方法（不推荐）
```

视频 8.5
self 参数

程序的运行结果如下所示：

```
类方法 cook:  <class '__main__.Fruit'>
类方法 cook:  <class '__main__.Fruit'>
```

（3）静态方法。静态方法其实就是我们学过的函数，和函数唯一的区别是，静态方法定义在类这个空间（类命名空间）中，而函数则定义在程序所在的空间（全局命名空间）中。

静态方法没有类似 self、cls 这样的特殊参数，因此 Python 解释器不会对它包含的参数做任何类或对象的绑定，也正是因为如此，此方法中无法调用任何类和对象的属性和方法，静态方法其实和类的关系不大。静态方法需要使用@ staticmethod 修饰。

【例 8.6】CH08_06_ Fruit2.py。

```
class Fruit:
    # staticmethod 修饰的方法是静态方法
    @staticmethod
    def info (p):
        print('静态方法：', p)
# 类名直接调用静态方法
Fruit.info("类名")
# 类对象调用静态方法
apple= Fruit()
apple.info("类对象")
```

视频 8.6
静态方法

程序的运行结果如下所示：

```
静态方法：  类名
静态方法：  类对象
```

在使用 Python 编程时，一般不需要使用类方法或静态方法，程序完全可以使用函数来代替类方法或静态方法。但是在特殊的场景（比如使用工厂模式）下，类方法或静态方法也是不错的选择。

8.3 构造方法和析构方法

1. 构造方法

构造方法用于创建对象时使用，每当创建一个类的实例对象时，Python 解释器都会自动调用它。Python 类中，手动添加构造方法的语法格式如下：

```
def __init__(self,...):
    代码块
```

此方法的方法名中，开头和结尾各有 2 个下画线，且中间不能有空格。另外，__init__() 方法可以包含多个参数，但必须包含一个名为 self 的参数，且必须作为第一个参数。也就是说，类的构造方法最少也要有一个 self 参数。如果开发者没有为该类定义任何构造方法，那么 Python 会自动为该类创建一个只包含 self 参数的默认的构造方法。

例如，以 Person 类为例，添加构造方法的代码如下所示：

```
class Person :
    #  Person 类
    def __init__(self):
        print("调用只带 self 参数的构造方法")
zhangsan = Person()
```

这行代码的含义是创建一个名为 zhangsan 的 Person 类对象。运行代码可看到如下结果：

```
调用只带 self 参数的构造方法
```

在创建 zhangsan 这个对象时，隐式调用了类的构造方法。

在 __init__() 构造方法中，除了 self 参数外，还可以自定义一些参数，参数之间使用逗号“,”进行分隔。例如，例 8.7 中的代码在创建 __init__() 方法时，额外指定了 name 和 age 2 个参数。

【例 8.7】CH08_07_ Person .py。

```
class Person :
    # 这是一个学习 Python 定义的一个 Person 类
    def __init__(self,name,age):
        print("这个人的名字是：",name," 年龄为：",age)
        #创建 zhangsan 对象，并传递参数给构造函数
    zhangsan = Person("",20)
```

由于创建对象时会调用类的构造方法，如果构造函数有多个参数时，需要手动传递参数，如 Person(" 张三 ",20)。运行以上代码，执行结果为：

```
这个人的名字是： 张三  年龄为： 20
```

从上面的代码可以看出，虽然构造方法中有 self、name、age 3 个参数，但实际需要传参的仅有 name 和 age，也就是说，self 不需要手动传递参数。

2. 析构方法

__del__() 方法在 Python 中称为析构函数方法。__del__() 用于销毁 Python 对象，即在任何 Python 对象将要被系统回收之时，系统都会自动调用该对象的 __del__() 方法。析构函数声明的

语法如下：

```
def __del__(self):
    # body of destructor
```

如果要显式地调用析构函数，可以使用 del 关键字：del 对象名称。例 8.8 为析构函数的简单示例。通过使用 del 关键字删除对象“zhangsan”的所有引用，从而自动调用析构函数。

【例 8.8】CH08_08_ Person .py。

```
class Person :
    # 这是一个学习 Python 定义的一个 Person 类
    def __init__(self,name,age):
        print("这个人的名字是：",name,"年龄为：",age)
        # 创建 zhangsan 对象，并传递参数给构造函数
    def __del__(self):
        print("Destructor called,Person deleted.")
zhangsan = Person("",20)
del zhangsan
```

视频 8.7
Person

当我们用 del 删除一个对象时，其实并没有直接清除该对象的内存空间。Python 采用“引用计数”的算法方式来处理回收，即：当某个对象在其作用域内不再被其他对象引用的时候，Python 就自动清除对象。如果一个对象有多个变量引用它，那么 del 其中一个变量是不会回收该对象的。

【例 8.9】CH08_09_ Person .py。

```
class Person :
    # 这是一个学习 Python 定义的一个 Person 类
    def __init__(self,name,age):
        print("这个人的名字是：",name,"年龄为：",age)
        # 创建 zhangsan 对象，并传递参数给构造函数
    def __del__(self):
        print("Destructor called,Person deleted.")
zhangsan = Person("zhangsan",20)
lisi=zhangsan
del zhangsan
print('--------------')
```

视频 8.8
删除对象

上面程序先创建了一个 Person 对象，并将该对象赋值给 zhangsan 变量，又将 zhangsan 赋值给变量 lisi，这样程序中有两个变量引用 Person 对象，接下来程序执行 del zhangsan 代码删除 zhangsan 对象，此时由于还有变量 lisi 引用该 Person 对象，因此程序此时并不会回收 Person 对象，在程序结束后，才会回收 Person 对象，这时才会执行 __del__() 方法。

运行上面程序，可以看到如下输出结果：

```
这个人的名字是：    年龄为： 20
--------------
Destructor called,Person deleted.
```

8.4 self的使用

在Python类中规定，函数的第一个参数是实例对象本身，并且约定俗成，把其名字写为self。其作用相当于Java中的this，表示当前类的对象，可以调用当前类中的属性和方法。

【例8.10】CH08_10_Cat.py。

```
class Cat:
    def __init__(self):
        print(self,"在调用构造方法")
    def __init__(self,name,age):
        print(self,"在调用带参数name、age的构造方法")
        self.name=name
        self.age=age
    # 定义一个jump()方法
    def jump(self):
        print(self,"正在执行jump方法")
    # 定义一个run()方法，run()方法需要借助jump()方法
    def run(self):
        print(self,"正在执行run方法")
        # 使用self参数引用调用run()方法的对象
        self.jump()
    cat1 = Cat()
    cat1.run()
    cat2 = Cat()
    cat2.run()
```

视频8.9 Cat

上面的代码说明：

（1）__init__()和类的成员方法的第一参数永远是self，表示创建的实例本身。

（2）由于self表示一个实例，那么就可以将各种属性绑定到self，比如self.name。

（3）在创建实例时要传入和__init__()方法匹配的参数，但self不需要明确写出来，Python解释器会自己放进去。上面代码中，jump()和run()中的self代表该方法的调用者，即谁在调用该方法，那么self就代表谁，该代码的运行结果如下：

```
<__main__.Cat object at 0x000002D4993EA2B0> 在调用构造方法
<__main__.Cat object at 0x000002D4993EA2B0> 正在执行run方法
<__main__.Cat object at 0x000002D4993EA2B0> 正在执行jump方法
<__main__.Cat object at 0x000002D4993EA3C8> 在调用构造方法
<__main__.Cat object at 0x000002D4993EA3C8> 正在执行run方法
<__main__.Cat object at 0x000002D4993EA3C8> 正在执行jump方法
```

8.5 运算符重载

前面介绍的Python中的各个序列类型，每个类型都有其独特的操作方法，例如列表类型支持直接做“加法操作”实现添加元素的功能，字符串类型支持直接做“加法”实现字符串的拼接

功能。在 Python 内部，每种序列类型都是 Python 的一个类，例如列表是 list 类、字典是 dict 类等，这些序列类的内部使用了一个叫作“重载运算符”的技术来实现不同运算符所对应的操作。

所谓重载运算符，指的是在类中定义并实现一个与运算符对应的处理方法，这样当类对象在进行运算符操作时，系统就会调用类中相应的方法来处理。运算符重载可以让自定义类的实例像内建对象一样进行运算符操作。所以，使用 Python 里的运算符实际上是调用了对象的方法。

在 Python 中，运算符重载做了下面的一些限制，在灵活性、可用性和安全性方面做了更好的平衡：

- 不能重载内置类型的运算符。
- 不能新建运算符，只能重载现有运算符。
- 某些运算符不能重载：is、and、or 和 not（位运算符 &、| 和 ~ 可以）

下面介绍 Python 中常用的运算符重载方法。

1. 二元算术运算符的重载

二元运算符的重载方法格式如下：

```
def __xx__(self,rhs):
    语句块
```

其中，rhs(right hand side) 意思是右手边的对象，因为运算符重载的方法的参数已经有了固定的含义，不建议改变原有的运算符的含义及参数的意义。二元运算符的重载方法如表 8-1 所示。

表 8-1 Python 中常用的可重载的二元运算符

序 号	方法名	运算符和表达式	说 明
1	__add__(self, rhs)	self + rhs	加法
2	__sub__(self, rhs)	self – rhs	减法
3	__mul__(self, rhs)	self * rhs	乘法
4	__truediv__(self, rhs)	self / rhs	除法
5	__floordiv__(self, rhs)	self // rhs	地板除
6	__mod__(self, rhs)	self % rhs	求余
7	__pow__(self, rhs)	self ** rhs	求幂运算

为了让读者更好地理解二元运算符的重载，下面通过一个例子对加法、乘法等运算进行重载。

【例 8.11】CH08_11_ MyList.py。

```
class MyList:
    def __init__(self, iterable=()):
        self.data = list(iterable)
    def __repr__(self):
        return 'MyList({})'.format(self.data)
    def __add__(self, rhs):
        return MyList(self.data + rhs.data)
    def __mul__(self, rhs):
        return MyList(self.data * rhs)
l1=MyList([1,2,3])
l2=MyList([4,5,6])
```

视频 8.10 Cat

```
print(l1+l2)
print(l1*3)
```

程序运行结果如下所示：

```
MyList([1, 2, 3, 4, 5, 6])
MyList([1, 2, 3, 1, 2, 3, 1, 2, 3])
```

2. 反向运算符的重载

当运算符的左侧为内建类型，右侧为自定义类型时，进行算数运算符运算会出现 TypeError 错误，因无法修改内建类型的代码实现运算符操作，此时需要使用反序运算符操作。反向运算符的重载如表 8-2 所示。

表 8-2 Python 中常用的反向运算符的重载

序号	方法名	运算符和表达式	说明
1	__radd__(self, rhs)	lhs +self	加法
2	__rsub__(self, rhs)	lhs –self	减法
3	__rmul__(self, rhs)	lhs * self	乘法
4	__rtruediv__(self, rhs)	lhs / self	除法
5	__rfloordiv__(self, rhs)	lhs //self	地板除
6	__rmod__(self, rhs)	lhs % self	求余
7	__rpow__(self, rhs)	lhs ** self	求幂运算

下面的代码演示了反向运算符重载的使用。

【例 8.12】CH08_12_ MyList.py。

```
class MyList:
      def __init__(self, iterable=()):
          self.data = list(iterable)
      def __repr__(self):
          return 'MyList({})'.format(self.data)
      def __add__(self, rhs):
          return MyList(self.data + rhs.data)
      def __mul__(self, rhs):
          return MyList(self.data * rhs)
      def __rmul__(self, lhs):
          print('__rmul__被调用')
          return MyList(self.data * lhs)
l1=MyList([1,2,3])
l2=MyList([4,5,6])
print(l1+l2)
print(l1*3)
print(3*l1)
```

视频 8.11 MyList Cat

程序的运行结果如下所示：

```
MyList([1, 2, 3, 4, 5, 6])
MyList([1, 2, 3, 1, 2, 3, 1, 2, 3])
```

```
__rmul__ 被调用
MyList([1, 2, 3, 1, 2, 3, 1, 2, 3])
```

3. 复合运算符的重载

以 x += y 为例，此运算符会优先调用 x.iadd(y) 的方法，如果此方法不存在则会拆解为：x = x + y，然后调用 x = x.add(y) 方法，如果也不存在，则会触发 TypeError 类型的错误异常。复合运算符的重载如表 8–3 所示。

表 8–3　Python 中常用的复合运算符的重载

序　号	方法名	运算符和表达式	说　明
1	__iadd__(self, rhs)	self += rhs	加法
2	__isub__(self, rhs)	self -= rhs	减法
3	__imul__(self, rhs)	self *= rhs	乘法
4	__itruediv__(self, rhs)	self /= rhs	除法
5	__ifloordiv__(self, rhs)	self //= rhs	地板除
6	__imod__(self, rhs)	self %= rh	求余
7	__ipow__(self, rhs)	self **= rhs	求幂运算

下面的代码演示了复合运算符重载的使用。

【例 8.13】CH08_13_ MyList.py。

```
class MyList:
    def __init__(self, iterable=()):
        self.data = list(iterable)
    def __repr__(self):
        return 'MyList({})'.format(self.data)
    def __add__(self, rhs):
        return MyList(self.data + rhs.data)
    def __iadd__(self, rhs):
        print('__iadd__ 被调用了 ')
        self.data += rhs.data
        return self

L1 = MyList([1, 2, 3])
L2 = MyList([4, 5, 6])
L3 = L1 + L2    #  调用 __add__ 方法
print(L3)
L2+=  L1   #  调用 __iadd__ 方法
print(L2)
```

视频 8.12
MyList Cat

程序的运行结果如下所示：

```
MyList([1, 2, 3, 4, 5, 6])
__iadd__ 被调用了
MyList([4, 5, 6, 1, 2, 3])
```

4. 比较运算符的重载

比较运算符的重载如表 8–4 所示。

表 8-4　Python 中常用的比较运算符的重载

序　号	方法名	运算符和表达式	说　明
1	__lt__(self, rhs)	self < rhs	小于
2	__le__(self, rhs)	self <= rhs	小于等于
3	__gt__(self, rhs)	self > rhs	大于
4	__ge__(self, rhs)	self >= rhs	大于等于
5	__eq__(self, rhs)	self == rhs	等于
6	__ne__(self, rhs)	self != rhs	不等于

下面的代码演示了比较运算符重载的使用。

【例 8.14】CH08_14_ Slice.py。

```
def __eq__(self, rhs):
    return self.__data == rhs.__data
s1 = [1, 2, 3, 4]
if s1 == [3, 4, 5,6]:
    print('s1 == [3, 4, 5,6]')
else:
    print('s1 != [3, 4, 5,6]')
```

视频 8.13
MyList Cat

程序的运行结果如下所示：

```
s1 != [3, 4, 5,6]
```

5. 索引和切片运算符的重载

该重载方法让自定义的类型的对象能够支持索引和切片的操作，索引和切片运算符的重载方法如表 8-5 所示。

表 8-5　Python 中常用的索引和切片运算符的重载

序　号	方 法 名	运算符和表达式	说　明
1	__getitem__(self, i)	x = self[i]	索引或切片取值
2	__setitem__(self, i, v)	self[i] = v	设置索引或切片
3	__delitem__(self, i)	del self[i]	删除索引或切片

下面的代码演示了索引和切片运算符重载的使用。

【例 8.15】CH08_15_ MyList.py。

```
class MyList:
    def __init__(self, iterable=()):
        self.__data = list(iterable)
    def __repr__(self):
        return 'MyList({})'.format(self.--data)
    def __getitem__(self, i):
        print('i 的值是 ', i)
        return self.__data[i]
    def __setitem__(self, key, value):
```

视频 8.14
MyList

```
        self.__data[key] = value
    def __delitem__(self, key):
        del self.__data[key]
L1 = MyList([1, -2, 0, -4, 5])
x = L1[3]
print(x)  # 4
L1[3] = 2
print(L1)  # MyList([1, -2, 0, 2, 5])
del L1[2]
print(L1)  # MyList([1, -2, 2, 5])
print(L1[::2])  # i 的值是 slice(None, None, 2)
                # [1, 2]
```

程序的运行结果如下所示：

```
i 的值是 3
-4
MyList([1, -2, 0, 2, 5])
MyList([1, -2, 2, 5])
i 的值是 slice(None, None, 2)
[1, 2]
```

其中，L1[::2] 要用到 slice 构造函数，该函数用于创建一个 slice 对象，此对象用于切片操作的传值，具体格式为：slice(start=None, stop=None, step=None)。slice 构造函数的使用如例 8.16 所示。

【例 8.16】CH08_16_ MyList.py。

```
class MyList:
    def __init__(self, iterable=()):
        self.__data = list(iterable)
    def __repr__(self):
        return 'MyList({})'.format(self.__data)
    def __getitem__(self, i):
        print('i 的值是 ', i)
        if type(i) is int:
            print(' 用户正在用索引取值 :')
        elif type(i) is slice:
            print(' 用户正在用切片取值 :')
            print(' 起始值是 :', i.start)
            print(' 终止值是 :', i.stop)
            print(' 步长值是 :', i.step)
        elif type(i) is str:
            print(' 用户正在用字符串进行索引操作 ')
        return self.__data[i]
L1 = MyList([1, -2, 0, -4, 5])
print(L1[1:1:1])
```

程序的运行结果如下所示：

```
i 的值是 slice(1, 3, 2)
用户正在用切片取值：
起始值是：1
终止值是：3
步长值是：2
[-2]
```

6. 其他运算符的重载

Python 中还有其他常用运算符的重载方法，如表 8-6 所示，在这里就不一一举例说明。

表 8-6 Python 中其他常用的可重载的运算符

<table>
<tr><th>运算类别</th><th>方法名</th><th>运算符和表达式</th><th></th></tr>
<tr><td>位运算符重载</td><td>__and__(self,rhs)
__or__(self,rhs)
__xor__(self,rhs)
__lshift__(self,rhs)
__rshift__(self,rhs)</td><td>self & rhs
self | rhs
self ^ rhs
self <<rhs
self >>rhs</td><td>位与
位或
位异或左移
右移</td></tr>
<tr><td>反向位运算符重载</td><td>__and__(self,lhs)
__or__(self,lhs)
__xor__(self,lhs)
__lshift__(self,lhs)
__rshift__(self,lhs)</td><td>lhs & rhs
lhs | rhs
lhs ^ rhs
lhs <<rhs
lhs >>rhs</td><td>位与
位或
位异或左移
右移</td></tr>
<tr><td>复合赋值位相关运算符重载</td><td>__iand__(self,rhs)
__ior__(self,rhs)
__ixor__(self,rhs)
__ilshift__(self,rhs)
__irshift__(self,rhs)</td><td>self &= rhs
self | =rhs
self ^= rhs
self <<=rhs
self >>=rhs</td><td>位与
位或
位异或左移
右移</td></tr>
<tr><td>一元运算符的重载</td><td>__neg__(self)
__pos__(self)
__invert__(self)</td><td>– self
+ self
~ self</td><td>负号
正号
取反</td></tr>
<tr><td>属性赋值语句</td><td>__setattr__</td><td>类似于 X.any=value</td><td></td></tr>
<tr><td>删除属性</td><td>__delattr__</td><td>类似于 del X.any</td><td></td></tr>
<tr><td>获取属性</td><td>__getattribute__</td><td>类似于 X.any</td><td></td></tr>
<tr><td>描述符属性</td><td>__get__、__set__、__delete__</td><td>类似于 X.attr，X.attr=value，del X.attr</td><td></td></tr>
<tr><td>计算长度</td><td>__len__</td><td>类似于 len(X)</td><td></td></tr>
<tr><td>迭代环境下，生成迭代器与取下一条</td><td>__iter__、__next__</td><td>类似于 I=iter(X) 和 next()</td><td></td></tr>
<tr><td>成员关系测试</td><td>__contains__</td><td>类似于 item in X</td><td></td></tr>
<tr><td>整数值</td><td>__index__</td><td>类似于 hex(X)，bin(X)，oct(X)</td><td></td></tr>
<tr><td>上下文管理器协议</td><td>__enter__、__exit__</td><td>在对类对象执行类似 with obj as var 的操作之前，会先调用 __enter__ 方法，其结果会传给 var；在最终结束该操作之前，会调用 __exit__ 方法（常用于做一些清理、扫尾的工作）</td><td></td></tr>
</table>

8.6　封装

封装（Encapsulation）是面向对象的三大特征之一（另外两个是继承和多态），它指的是将对象的状态信息隐藏在对象内部，不允许外部程序直接访问对象内部信息，而是通过该类所提供的方法来实现对内部信息的操作和访问。

封装机制保证了类内部数据结构的完整性，因为使用类的用户无法直接看到类中的数据结构，只能使用类允许公开的数据，很好地避免了外部对内部数据的影响，提高了程序的可维护性。总的来说，对一个类或对象实现良好的封装，可以达到以下目的：

- 隐藏类的实现细节。
- 让使用者只能通过事先预定的方法来访问数据，从而可以在该方法里加入控制逻辑，限制对属性的不合理访问。
- 可进行数据检查，从而有利于保证对象信息的完整性。
- 便于修改，提高代码的可维护性。

为了实现良好的封装，需要从以下两个方面来考虑：

- 将对象的属性和方法的实现细节隐藏起来，不允许外部使用者直接访问。
- 把方法暴露出来，提供给使用者使用。并让方法来控制对这些属性进行安全的访问和操作。

Python 并没有提供类似于其他语言的 private 等修饰符，为了隐藏类中的成员，Python 将类的成员命名为以双下画线（__）开头的，Python 就会把它们隐藏起来。

例如，例 8.17 示范了 Python 的封装隐藏机制。

【例 8.17】CH08_17_ Person.py。

```
class Person :
    def __init__(self):
         self.__name=' '
         self.__age=0
    def __hide(self):
        print('示范隐藏的 hide 方法')
    def setname(self, name):
        if len(name) < 3 or len(name) > 8:
            raise ValueError('用户名长度必须在 3 ~ 8 之间')
            self.__name = name
    def getname(self):
        return self.__name
    def setage(self, age):
            if age < 0 or age > 100:
                raise ValueError('用户名年龄必须在 18 在 70 之间')
                self.__age = age
    def getage(self):
            return self.__age
    # 创建 Person 对象
```

视频 8.15 Person

```
    u = Person ()
    # 调用 setname() 方法对 name 属性赋值
    u.setname('fk')      # 引发 ValueError: 用户名长度必须在 3 ~ 8 之间
```

上面程序将 Person 的两个实例变量分别命名为 __name 和 __age，这两个实例变量就会被隐藏起来，这样程序就无法直接访问 __name、__age 变量，只能通过 setname()、getname()、setage()、getage() 这些访问器方法进行访问，而 setname()、setage() 会对用户设置的 name、age 进行控制，只有符合条件的 name、age 才允许设置。程序中还定义了一个 __hide() 方法，这个方法默认是隐藏的。如果程序尝试执行如下代码：

```
# 尝试调用隐藏的 __hide() 方法
u.__hide()
```

将会提示如下错误：

```
AttributeError: 'Person' object has no attribute '__hide'
```

最后需要说明的是，Python 其实没有真正的隐藏机制，双下画线只是 Python 的一个小技巧，可以在这些方法名前添加单下画线和类名。因此上面的 __hide() 方法其实可以按如下方式调用（通常并不推荐这么做）：

```
# 调用隐藏的 __hide() 方法
u._Person__name = 'hide-name'
u._Person__hide()
```

该隐藏方法的运行结果如下：

```
示范隐藏的 hide 方法
```

Python 并没有提供真正的隐藏机制，所以 Python 类定义的所有成员默认都是公开的；如果程序希望将 Python 类中的某些成员隐藏起来，那么只要让该成员的名字以双下画线（__）开头即可。即使通过这种机制实现了隐藏，其实也依然可以通过添加单下画线和类名的方式绕过去。

8.7 继承

继承是面向对象的三大特征之一，也是实现代码复用的重要手段。在面向对象程序设计中，当我们定义一个类的时候，可以从某个现有的类继承，新的类称为子类（Subclass），而被继承的类称为基类、父类或超类（Base class、Super class）。

1. 继承的实现

Python 中，子类继承父类的语法是：在定义子类时，将多个父类放在子类之后的圆括号里。具体如下：

```
class 子类名 (父类 1, 父类 2, ...):
    # 子类定义部分
```

Python 的继承是多继承机制，即一个子类可以同时拥有多个直接父类。如果在定义一个 Python 类时，并未显式指定这个类的直接父类，则这个类默认继承 object 类。从子类的角度来看，子类扩展（extend）了父类；但从父类的角度来看，父类派生（derive）出子类。也就是说，扩展和派生所描述的是同一个动作，只是观察角度不同而已。

例如，如果已经定了 Person 类，需要定义新的 Student 类时，可以直接从 Person 类继承，只需要把 Student 额外的属性加上，例如年级 grade。

【例 8.18】CH08_18_ Person.py。

```
class Person():
      def __init__(self,name,gender):
          self.name=name
          self.gender = gender
      def getName():
          return self.name
      def getGender():
          return self.gender
class Student(Person):
    def __init__(self,name,gender,grade):
          super(Student,self).__init__(name,gender)
          self.grade=grade
    def getGrade():
          return self.grade
stu=Student('ZhangSan','male','gradeOne')
print(stu.getName())  # 调用继承自 Person 的 getName() 方法
print(stu.getGender())   # 调用继承自 Person 的 getGender() 方法
print(stu.getGrade())
```

视频 8.16
Person

一定要用 super(Student,self).__init__(name,gender) 去初始化父类，否则，继承自 Person 的 Student 将没有 name 和 gender。函数 super(Student,self) 将返回当前类继承的父类，即 Person，然后调用 __init__() 方法，注意 self 参数在 super() 中传入，在 __init__() 中将隐式传递，不需要写出。

在 Student 类中，我们虽然没有写 getNam()、getGender() 方法，但是可以继承 Person 类中的这些方法。对于 Student 类和 Person 类，我们可以说 Student 类是 Person 类的子类，Person 类是 Student 类的父类，Student 类从 Person 类中继承。或者说 Student 类是 Person 类的派生类，Person 类是 Student 类的基类，Student 类从 Person 类中派生。

2. 继承的传递性

C 类从 B 类中继承，B 类从 A 类中继承，那么 C 类就拥有 B 类和 A 类中所有的属性和方法。也就是说子类中拥有父类以及父类的父类中的所有封装的属性和方法。

3. 方法的重写

1）重写父类成员方法

如果父类的方法实现不能满足子类的需求时，就需要对父类的方法进行重写 (override)。

例 8.19 示范了子类重写父类的方法。

【例 8.19】CH08_19_ Person.py。

```
class Person():
      def say_Hello(self):
```

```
        print('----Hello----')
class ChinesePerson(Person):
      def say_Hello(self):
        print('---- 你好，吃了吗？ ----')
chinese=ChinesePerson()
chinese.say_Hello()
```

视频 8.17
方法重写

程序的运行结果如下：

```
---- 你好，吃了吗？ ----
```

从程序的运行结果可以看出，chinese 对象调用的是重写的 say_Hello() 方法，而不是父类的 say_Hello() 方法。

如果在子类中想要调用父类中被重写的方法，需要使用 super 访问父类中的成员。例如，在 ChinesePerson 类中的 say_Hello 方法中，如果要先打印“----Hello----”，再打印“---- 你好，吃了吗？ ----”，则在 ChinesePerson 类的 say_Hello 方法中，需要调用父类的 say_Hello 方法。

【例 8.20】CH08_20_ Person.py。

```
class Person():
      def say_Hello(self):
        print('----Hello----')
class ChinesePerson(Person):
      def say_Hello(self):
        super().say_Hello()
        print('---- 你好，吃了吗？ ----')
chinese=ChinesePerson()
chinese.say_Hello()
```

视频 8.18
super 关键字

2）重写父类构造方法

Python 的子类可以直接继承父类的构造方法，如果子类有多个直接父类，那么会优先选择排在最前面的父类的构造方法。

【例 8.21】CH08_21_ Employee .py。

```
class Employee :
    def __init__ (self, salary):
        self.salary = salary
    def work (self):
        print('普通员工，工资是：', self.salary)
class Customer:
    def __init__ (self, favorite, address):
        self.favorite = favorite
        self.address = address
    def info (self):
        print('顾客，爱好是：%s，地址是 %s' % (self.favorite, self.address))
# Manager 继承了 Employee、Customer
class Manager (Employee, Customer):  # ①①
```

视频 8.19
Employee

```
    Pass
m = Manager(25000)
m.work()  # ②②
m.info()  # ③③
```

程序运行的结果如下：

```
  File "Employee.py", line 17, in <module>
    m.info()  # ③③
  File "Employee.py", line 11, in info
    print('顾客，爱好是：%s，地址是 %s' % (self.favorite, self.address))
AttributeError: 'Manager' object has no attribute 'favorite'
```

Manager 类继承了 Employee 和 Customer 两个父类。Manager 类将会优先使用 Employee 类的构造方法（因为它排在前面），所以程序使用 Manager(25000）来创建 Manager 对象。该构造方法只会初始化 salary 实例变量，因此执行上面程序中②②号代码是没有任何问题的。但是当执行到 ③③号代码时就会引发错误，这是由于程序在使用 Employee 类的构造方法创建 Manager 对象时，程序并未初始化 Customer 对象所需的两个实例变量 favorite 和 address，因此程序引发错误。

如果将程序中第①①行代码改为如下形式：

```
class Manager (Customer, Employee):
```

Manager 类将优先使用 Customer 类的构造方法，因此程序必须使用如下代码来创建 Manager 对象：

```
m = Manager('IT 产品','北京')
```

上面代码为 Manager 的构造方法传入两个参数，这明显是调用从 Customer 类继承得到的两个构造方法，此时程序将可以初始化 Customer 类中的 favorite 和 address 实例变量，但它又不能初始化 Employee 类中的 salary 实例变量。因此，此时程序中的③③号代码可以正常运行，但②②号代码会报错。

为了让 Manager 能同时初始化两个父类中的实例变量，Manager 应该定义自己的构造方法，即重写父类的构造方法。Python 要求，如果子类重写了父类的构造方法，那么子类的构造方法必须调用父类的构造方法。

子类的构造方法调用父类的构造方法有两种方式：

（1）使用未绑定方法。这种方式很容易理解，因为构造方法也是实例方法，当然可以通过这种方式来调用。

（2）使用 super() 方法调用父类的构造方法。super 其实是一个类，因此调用 super() 的本质就是调用 super 类的构造方法来创建 super 对象。

使用 super() 方法，可以将上面程序改为例 8.22 的形式。

【例 8.22】CH08_22_ Manager.py。

```
# Manager 继承了 Employee、Customer
class Manager(Employee, Customer):
```

```
        # 重写父类的构造方法
        def __init__(self, salary, favorite, address):
            print('-- 子类 Manager 的构造方法 --')
            # 通过 super() 函数调用父类 Employee 的构造方法
            super().__init__(salary)
            # 调用父类 Employee 的构造方法也可以使用下面这行语句
            #super(Manager, self).__init__(salary)
            # 使用未绑定方法调用父类 Customer 的构造方法
            Customer.__init__(self, favorite, address)
            # 创建 Manager 对象
            m = Manager(25000, 'IT 产品', '北京')
            m.work()   #①①
            m.info()   #②②
```

视频 8.20 Manager

上面程序中，分别示范了两种方式调用父类的构造方法。通过这种方式，Manager 类重写了父类的构造方法，并在构造方法中显式调用了父类的两个构造方法执行初始化，这样两个父类中的实例变量都能被初始化。

8.8 多态

在面向对象程序设计中，除了封装和继承特性外，多态也是一个非常重要的特性，本节将介绍 Python 中多态的使用。

在强类型语言（Java 等）中，多态是指用一个父类类型的变量或常量来引用一个子类类型的对象，根据被引用子类对象行为的不同，得到不同的运行结果。即使用父类类型来调用子类对象的方法。

Python 是弱类型语言，即在使用变量时，无须为其指定具体的数据类型，这就可能出现同一个变量会赋值不同的类对象。

【例 8.23】CH08_23_ Dog.py。

```
class Bird:
    def move(self, field):
        print('Bird 在 %s 中自由自在地飞翔 ' % field)
class Dog:
    def move(self, field):
        print('Dog 在 %s 里飞快的奔跑 ' % field)
        # a 变量被赋值为 Bird 对象
        a = Bird()# 调用 x 变量的 move() 方法
        a.move(' 天空 ')
        #a 变量被赋值为 Dog 对象
        a = Dog()
        # 调用 x 变量的 move() 方法
        a.move(' 花园 ')
```

视频 8.21 Dog

运行结果为：

```
Bird 在天空中自由自在地飞翔
Dog 在花园里飞快的奔跑
```

上面程序中，a 变量开始被赋值为 Bird 对象，因此当 a 变量执行 move() 方法时，它会表现出 Bird 的飞翔行为。接下来 a 变量被赋值为 Dog 对象，因此当 a 变量执行 move() 方法时，它会表现出 Dog 的奔跑行为。

同一个变量 a 在执行同一个 move() 方法时，由于 a 指向的对象不同，因此实际调用的并不是同一个 move() 方法，这就是多态。Python 中的多态是在不考虑对象类型的情况下使用，相比较强类型语言，Python 不关注对象的类型而是关注对象具有的行为。多态是一种非常灵活的编程机制。

假如我们要定义一个 Canvas（画布）类，这个画布类定义一个 draw_pic() 方法，该方法负责绘制各种图形。

【例 8.24】CH08_24_ draw.py。

```
class Canvas:
    def draw_pic(self, shape):
        print('-- 开始绘图 --')
        shape.draw(self)
        print('-- 绘图结束 --')
class Rectangle:
    def draw(self, canvas):
        print('1. 绘制矩形 ' )
class Triangle:
    def draw(self, canvas):
        print('2. 绘制三角形 ')
class Circle:
    def draw(self, canvas):
        print('3. 绘制圆形 ' )
c = Canvas()
# 传入 Rectangle 参数，绘制矩形
c.draw_pic(Rectangle())
# 传入 Triangle 参数，绘制三角形
c.draw_pic(Triangle())
# 传入 Circle 参数，绘制圆形
c.draw_pic(Circle())
```

视频 8.22
draw

Canvas 的 draw_pic() 传入的参数对象只要带一个 draw() 方法就行，至于该方法具有何种行为（到底执行怎样的绘制行为），这与 draw_pic() 方法是完全分离的，这就为编程增加了很大的灵活性。程序中定义了三个图形类，并为它们都提供了 draw() 方法，这样它们就能以不同的行为绘制在画布上，这就是多态的实际应用。

程序的运行结果如下：

```
-- 开始绘图 --
```

```
1.绘制矩形
-- 绘图结束 --
-- 开始绘图 --
2.绘制三角形
-- 绘图结束 --
-- 开始绘图 --
3.绘制圆形
-- 绘图结束 --
```

由于 Python 是动态语言，所以，传递给 draw_pic() 函数的参数不一定是 Rectangle 或 Triangle 的子类型。任何数据类型的实例都可以，只要它有一个 draw() 的方法即可。

小　结

本章介绍了基于 Python 的面向对象编程知识，包括类和对象的基本概念、类属性和方法、类的构造方法和析构方法、self 关键字的使用、运算符的重载、面向对象的基本特征（封装、继承、多态）等面向对象初高级编程知识，通过本章的学习，读者能够在实际应用中利用面向对象思想进行程序设计。

习　题

一、选择题

1. 关于 Python 面向对象编程中，下列说法中，正确的是（　　）。

   A. Python 中一切都是对象　　B. Python 支持私有继承

   C. Python 支持接口编程　　D. Python 支持保护类型

2. 关于面向过程和面向对象，下列说法错误的是（　　）。

   A. 面向过程和面向对象都是解决问题的一种思路

   B. 面向过程是基于面向对象的

   C. 面向过程强调的是解决问题的步骤

   D. 面向对象强调的是解决问题的对象

3. 关于类和对象的关系，下列描述正确的是（　　）。

   A. 类是面向对象的核心

   B. 类是现实中事物的个体

   C. 对象是根据类创建的，并且一个类只能对应一个对象

   D. 对象描述的是现实的个体，它是类的实例

4. 构造方法的作用是（　　）。

   A. 一般成员方法　　B. 类的初始化

   C. 对象的初始化　　D. 对象的建立

5. 构造方法是类的一个特殊方法，Python 中它的名称为（　　）。

   A. 与类同名　　B. _construct　　C. init　　D. init

6. Python类中包含一个特殊的变量（　），它表示当前对象自身，可以访问类的成员。

A. self　　B. me　　C. this　　D. 与类同名

7. 下列选项中，符合类的命名规范的是（　）。

A. HolidayResort　　B. Holiday Resort

C. hoildayResort　　D. hoilidayresort

8. Python中用于释放类占用资源的方法是（　）。

A. _init_　　B. \ del　　C. _del　　D. delete

二、简答题

1. 名词解释：类（Class）、实例、实例化、数据成员、静态方法、类方法、方法重写。
2. 简述面向对象的三大基本特征。
3. 构造方法和析构方法的区别是什么？
4. 举例说明多态的好处。
5. 说明面向过程编程与面向对象编程的区别与应用场景。
6. 类和对象在内存中是如何保存的？

三、阅读程序

1. 现有如下代码，写出输出结果。

```
class People(object):
   def __init__(self):
       print("__init__")
   def __new__(cls, *args, **kwargs):
       print("__new__")
       return object.__new__(cls, *args, **kwargs)
People()
```

2. 现有如下代码，会输出什么结果？

```
class People(object):
      __name = "luffy"
      __age = 18
p1 = People()
print(p1.__name, p1.__age)
```

3. 多重继承的执行顺序。请解答以下输出结果是什么？并解释。

```
class A(object):
   def __init__(self):
       print('A')
       super(A, self).__init__()
class B(object):
   def __init__(self):
       print('B')
       super(B, self).__init__()
class C(A):
```

```
    def __init__(self):
        print('C')
        super(C, self).__init__()
class D(A):
    def __init__(self):
        print('D')
        super(D, self).__init__()
class E(B, C):
    def __init__(self):
        print('E')
        super(E, self).__init__()
class F(C, B, D):
    def __init__(self):
        print('F')
        super(F, self).__init__()
class G(D, B):
    def __init__(self):
        print('G')
        super(G, self).__init__()
g = G()
f = F()
```

四、编程题

1. 编写程序。编写一个学生类，有姓名、年龄、性别、英语成绩、数学成绩、语文成绩。

（1）封装方法，求总分、平均分，以及打印学生的信息。

（2）要求有一个计数器的属性，统计总共实例化了多少个学生。

2. 创建一个 Cat 类，属性为“姓名”和“年龄”，方法为“抓老鼠”：

创建老鼠类，属性为“姓名”和“型号”。

一只猫抓一只老鼠。再创建一个测试类：创建一个猫对象，再创建一个老鼠对象，打印观察猫抓的老鼠的姓名和型号。例如：一个 5 岁的名叫 tom 的猫抓到了一只名叫 jerry 的小老鼠。

3. 请用面向对象的形式优化以下代码：

```
def exc1(host,port,db,charset):
        conn=connect(host,port,db,charset)
        conn.execute(sql)
        return xxx
def exc2(host,port,db,charset,proc_name)
        conn=connect(host,port,db,charset)
        conn.call_proc(sql)
        return xxx
    # 每次调用都需要重复传入一堆参数
exc1('127.0.0.1',3306,'db1','utf8','select * from tb1;')
exc2('127.0.0.1',3306,'db1','utf8',' 存储过程的名字 ')
```

第9章 迷宫与 Python

现在我们可以用一个有趣的例子来实践一下之前所学到的内容——创造一个迷宫。

迷宫分为很多种，按维度来分类有二维迷宫和三维迷宫，按照解的数量来算有多出入口迷宫、多解迷宫等分类。我们就来创造一个最简单的单解答二维迷宫。这种迷宫只有 1 个出口和 1 个入口，同时在生成时保证有且只有一个通路。

9.1 安装虚拟环境和依赖

我们使用 Matplotlib 来进行可视化显示，并且为了方便，使用 Jupyter Notebook 来进行开发，所以需要安装 Matplotlib 库和 jupyterNotebook，为了不干扰系统中已安装的库，避免在安装新依赖时破坏原有的依赖关系，我们创建一个名为 maze 的 virtualenv 虚拟环境。

在默认情况下，Python 会自动创建符号链接或者复制它所需要的文件到虚拟环境中。然后自动将新安装的依赖库安装到虚拟环境中，避免破坏全局的库目录。

```
pip install virtualenv
virtualenv maze
```

创建好虚拟环境后，我们进入虚拟环境中，如果在使用 GNU/Linux 系统，则使用：

```
source maze/bin/activate
```

如果使用 Windows 系统，则使用：

```
maze\Scripts\activate
```

如果命令行前面显示了 '(maze)'，说明成功进入了虚拟环境。

现在对虚拟环境做一些配置。首先配置 pip 安装时所访问的服务器，由于国内连接国外的 pythonhosted.org 库目录服务器速度比较缓慢，我们可以使用：

```
pip config set global.index-url https://pypi.douban.com/simple
```

让 pip 使用国内的镜像站进行安装，大幅度加快安装速度。

然后就可以开始安装依赖了：

```
pip install jupyter matplotlib numpy
```

可以得到一个超长的类似下方的输出：

```
Looking in indexes: https://pypi.douban.com/simple
Collecting jupyter
Downloading https://pypi.doubanio.com/packages/83/df/0f5dd132200728a861
```

```
90397e1ea87cd76244e42d39ec5e88efd25b2abd7e/jupyter-1.0.0-py2.py3-none-any.whl
    Collecting ipywidgets (from jupyter)
    Downloading https://pypi.doubanio.com/packages/56/a0/dbcf5881bb2f51e8d
b678211907f16ea0a182b232c591a6d6f276985ca95/ipywidgets-7.5.1-py2.py3-none-
any.whl (121kB)
    100% |████████████████████████████████| 122kB 2.9MB/s
    (此处省略很多行)
    Running setup.py install for backcall ... done
    Running setup.py install for pandocfilters ... done
    Running setup.py install for pyrsistent ... done
    Running setup.py install for prometheus-client ... done
    Successfully installed Send2Trash-1.5.0 backcall-0.1.0 bleach-3.1.0
decorator-4.4.0 defusedxml-0.6.0 entrypoints-0.3 ipykernel-5.1.2
ipython-7.8.0 ipython-genutils-0.2.0 ipywidgets-7.5.1 jedi-0.15.1
jsonschema-3.0.2 jupyter-1.0.0 jupyter-client-5.3.3 jupyter-console-6.0.0
jupyter-core-4.5.0 mistune-0.8.4 nbconvert-5.6.0 nbformat-4.4.0
notebook-6.0.1 pandocfilters-1.4.2 parso-0.5.1 pickleshare-0.7.5
prometheus-client-0.7.1 prompt-toolkit-2.0.9 pyrsistent-0.15.4 pywin32-225
pywinpty-0.5.5 qtconsole-4.5.5 terminado-0.8.2 testpath-0.4.2 tornado-6.0.3
traitlets-4.3.2 webencodings-0.5.1 widgetsnbextension-3.5.1
```

当看到 Successfully installed 时就安装好了所有需要的东西，现在输入 jupyter notebook 来启动 Jupyter。

一切正常的话，应该看到浏览器被自动启动了，后续将在这个环境中实现迷宫。

注意：如果正在使用 Windows Store 中下载的 Python。可能遇到 win32api 导入错误，这是由于安装路径中带有特殊符号导致的，请尝试使用独立安装的 Python 3 或者使用 Anaconda 安装 Python。如果使用了 Anaconda，就可以跳过创建 virtualenv 的阶段，因为 Anaconda 本身就会创建 virtualenv。

9.2 迷宫管理

为了方便管理，将迷宫程序分为几个部分。

（1）迷宫地图管理。

（2）迷宫显示。

（3）迷宫生成算法。

这样也为后续增加其他部分提供便利条件。

9.2.1 迷宫地图管理

作为二维迷宫来说，使用二维数组来存储是比较合适的。所以定义一个二维数组来存储迷宫地图。在 Python 中是没有定长数组这个概念的，只有作为列表使用的 [ ] 符号，那么如何初始化一个全是 0 的二维数组呢？使用下面的代码就可以创建二维数组了：

```
maze = [[0]*x for i in range(y)]
```

x 和 y 即是这个二维数组的大小。

这段代码使用了一个语法糖，即 [0]*x 意思是将 [0] 这个列表重复 x 次，并将其中每一项都循环 y 次，于是就创建了一个 x*y 大小的列表作为二维数组。

新建一个类来保存迷宫地图相关的内容。

因为将墙壁和迷宫通路保存在相同的数组里，每个通路一定是在 2 个墙壁之间，所以迷宫的大小必须是一个不可以被 2 整除的大小。

将所有可以被 2 整除的行或列作为迷宫的固定墙壁。

```
class Maze:
    def __init__(self, x, y):
        self.x = x
        self.y = y
        if x % 2 == 0 or y % 2 == 0 or y <= 0 or x <= 0:
            raise Error()
        self.maze = [[0] * x for i in range(y)]
```

使用 raise 引发一个错误，来中断 Maze 类的构造，并让程序崩溃或者在使用时捕获并处理这个错误。

同时我们最好创建一些辅助方法，允许访问者得到一些迷宫的基础数据，比如长和宽之类的数据。

```
def getMazeMeta(self):
    return (self.x, self.y,)
def getMazeCopy(self):
    return copy.deepcopy(self.maze)
def setSingle(self, x, y, value):
    if self.x == x and self.y == y:
        self.maze[x][y] = value
def getNearby(self, x, y):
    if x % 2 == 0 or y % 2 == 0:
        return None
    else:
        emptyBlock = 0
        listBlock = []
        searchBlock = [
            ('L', (x, y - 2, ), ),
            ('R', (x, y + 2, ), ),
            ('T', (x - 2, y, ), ),
            ('B', (x + 2, y, ), )
        ]
        for block in searchBlock:
```

```
                if block[1][0] < self.x and block[1][1] < self.y and
block[1][0] >= 0 and block[1][1] >= 0:
                    if self.maze[block[1][0]][block[1][1]] == 0:
                        emptyBlock = emptyBlock + 1
                        listBlock.append(block)
            return (emptyBlock, listBlock, )
```

getMazeMeta() 用来获取迷宫的长宽数据，我们直接将保存的长和宽数据输出为一个元组。为什么使用元组呢？因为元组是不可被更改的，而我们创建的迷宫的长宽也应当是不可被更改的。

getMazeCopy() 可以获取一个当前迷宫数组的复制，避免程序其他部分更改迷宫的数组。复制一个数组需要深度复制，否则数组仍然会被其他位置更改，所以我们需要引入 copy 模块，调用其的 copy.deepcopy 命令完整地复制数组。

setMaze() 将一个迷宫数组替换当前的迷宫数组。不过我们几乎不使用这个方法，因为它可能导致错误的输入，这个方法仅应当使用在一些大型外部处理之后需要大批量更新迷宫数组的时候。

setSingle() 将迷宫中的一个位置设置为目标值。

getNearby() 获取周围的还没有被处理过的迷宫单元格。

现在就可以建立一个完全空白的迷宫了。

```
class Maze:
    def __init__(self, x, y):
        self.x = x
        self.y = y
        self.maze = [[0] * x for i in range(y)]
    def getMazeMeta(self):
        return (self.x, self.y,)
    def getMazeCopy(self):
        return copy.deepcopy(self.maze)
    def setSingle(self, x, y, value):
        if x < self.x and y < self.y and x >= 0 and y >= 0:
            self.maze[x][y] = value
    def getNearby(self, x, y):
        if x % 2 == 0 or y % 2 == 0:
            return None
        else:
            emptyBlock = 0
            listBlock = []
            searchBlock = [
                ('L', (x, y - 2, ), ),
                ('R', (x, y + 2, ), ),
                ('T', (x - 2, y, ), ),
```

```
                ('B', (x + 2, y, ), )
            ]
            for block in searchBlock:
                if block[1][0] < self.x and block[1][1] < self.y and block[1]
[0] >= 0 and block[1][1] >= 0:
                    if self.maze[block[1][0]][block[1][1]] == 0:
                        emptyBlock = emptyBlock + 1
                        listBlock.append(block)
            return (emptyBlock, listBlock, )

maze = Maze(101, 101)
print(maze.getMazeCopy())
```

执行之后应该可以看到一个完全由 0 构成的二维数组，如图 9-1 所示。

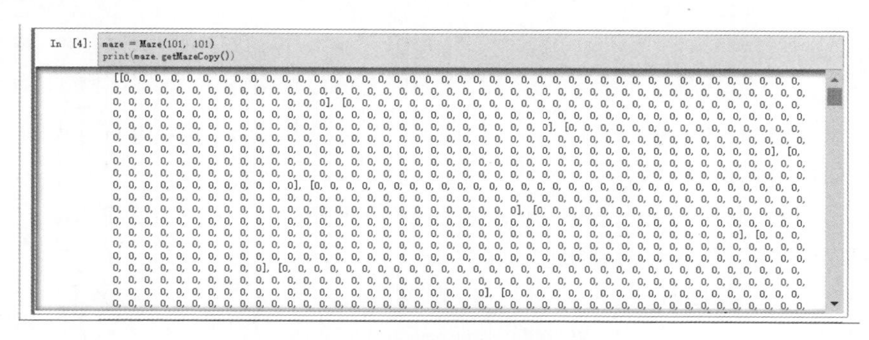

图 9-1　输出迷宫的二维数组

9.2.2 迷宫显示

我们通过 Matplotlib 来显示地图界面，Matplotlib 是 Python 上最常用图形库之一，因为我们使用了 Jupyter，所以需要告诉 Jupyter 让 Maplotlib 在 Jypyter 中直接显示，使用下面的代码：

```
%matplotlib inline
import matplotlib.pyplot as plt
import numpy as np
```

以 % 或者 %% 开头的命令为 Jupyter 的“魔法命令”，它不会被传输到 Python 解释器中，而是由 Jupyter 直接处理，一般是一些定义或者特殊的载入指令。在后面还会继续遇到其他命令，这里使用 Matplotlib 和 Jupyter 之间的兼容指令，指定 inline 模式让所有 imshow 方法显示的内容直接显示在 Jupyter 的界面中。

这样执行之后，Matplotlib 所显示的内容就会直接显示在 Jypyter 的界面中。

因为我们的迷宫是一个一个方格组成的栅格地图，而 Heatmap 刚好可以显示一个一个方格的变化数据，所以我们可以稍微取巧，使用 Heatmap 热图来进行画图。

热图通过颜色变化来展示一个二维矩阵的数据，一般来说将整个数据取值为 0~1。数据为 1 时显示为白色，数据为 0 时显示为黑色，在之间的数值将被渲染为从黄色到红色之间的渐变。

我们利用这个特性，将迷宫不可通行的部分设置为 0，将迷宫的通路设置为 1，这样就可以显示为黑白两色的迷宫。

```
plt.imshow(maze.getMazeCopy(), cmap='hot', interpolation='nearest')
plt.show()
```

注意：使用了 %matplotlib inline 命令后，在执行 plt.imshow 时就会直接显示图像，plt.show 不会弹出任何显示窗口。

我们同样可以创建一个类来存放相关显示的内容。

```
class Render:
    def __init__(self, maze):
        self.maze = maze
    def show(self):
        plt.figure(dpi = 400)
        plt.axis('off')
        plt.imshow(self.maze.getMazeCopy(), cmap='hot', interpolation='nearest')
        plt.show()
```

为了让图像显示在 Jupyter 里可以更大更清晰，可以调用 figure 命令设置 dpi 值，还可以通过 axis 选项关闭坐标轴。

具体就是通过上面代码中的 figure 命令指定 dpi, 并使用 axis 方法关闭坐标轴。

使用的时候只需要传入 Maze 类的实例就可以了。

```
render = Render(maze)
render.show()
```

现在，应该能看到显示为黑色的一张图，现在来手动修改一些值来查看效果。

```
maze.setSingle(1,1,1)
maze.setSingle(1,2,1)
maze.setSingle(1,3,1)
maze.setSingle(2,6,1)
render.show()
```

现在应该能看到在黑色的画布上出现了几个白色的方块，如图 9-2 所示。

图 9-2 渲染

9.2.3 迷宫生成算法

迷宫生成有很多种方法，我们采用其中一种简单的方法。这种方法实现起来比较简单，岔路较少，非常适合学习。

我们先做如下定义：

（1）迷宫节点在本程序里指所有 x 和 y 坐标都不可被 2 整除的方格。

（2）访问列表中存有所有已经处理过的迷宫节点。

（3）当前访问的迷宫节点为正在扫描的迷宫节点，迷宫的生成就从这个方格进行。在生成过程中，这个方格会一直变化，直到所有迷宫节点都处理完毕。

（4）墙在迷宫节点上下左右的方格。

先将起点迷宫节点放入访问列表中，然后进入迷宫生成循环。

如果访问列表不为空，则进行循环，扫描当前迷宫节点周围的节点。

如果有不在访问列表中的节点，则随机在这些节点里选择一个，将它加入到访问列表的末端，然后移除这个迷宫节点和当前访问的迷宫节点之间的墙，然后将这个节点作为当前访问的迷宫节点。

如果没有不在访问列表中的节点，则将访问列表中的最后一个迷宫节点作为当前访问的迷宫节点。然后将末尾这个节点从访问列表中删除。

我们先定义一个访问列表和当前访问的迷宫节点，startx 和 starty 为起始点的坐标。

```
visited = [(startx, starty)]
now = (startx, starty)
```

然后从 Maze 类调用方法将当前的迷宫节点设置为通行。

```
maze.setSingle(now[0], now[1], 1)
```

然后可以进入生成迷宫的循环。

```
while len(visited) > 0:
    pass
```

现在来实现这个迷宫的生成。

首先先调用 Maze 类中的 getNearby() 方法获取周围有那些迷宫节点还没被设置为通路。

先判断周围有几个还没被访问过的节点，当节点数大于 0 时执行下一步生成。

```
    emptyBlock, listBlock = self.maze.getNearby(now[0], now[1])
    if emptyBlock > 0:
        pass # 有可用的节点
    else:
        pass # 没有可用节点
```

先随机选择一个可用的位置，只需要调用 random.shuffle() 函数打乱数组并从中选择第一个项目。然后将这个迷宫节点加入到访问列表中，并设置这个节点为通路。

```
random.shuffle(listBlock)
visited.append(listBlock[0][1])
maze.setSingle(listBlock[0][1][0], listBlock[0][1][1], 1)
```

然后我们需要打通这个节点和当前节点之间的通路。这个节点在目标节点的哪一侧，就将这一侧的固定墙设置为通行。然后将这个节点设置为当前访问的节点。

```
vx = 0
vy = 0
if listBlock[0][0] == 'L':
    vy = 1
elif listBlock[0][0] == 'R':
    vy = -1
elif listBlock[0][0] == 'T':
    vx = 1
elif listBlock[0][0] == 'B':
    vx = -1
maze.setSingle(listBlock[0][1][0] + vx, listBlock[0][1][1] + vy, 1)
now = listBlock[0][1]
```

如果没有可用的节点的话，则将访问列表中最后一个节点设置为正在访问的节点，并且从访问列表中移除这个节点。

```
now = visited[-1]
visited = visited[:-1]
```

同样，我们可以用一个类来放置所有的生成迷宫的方法。

```
class Generator:
    def __init__(self, maze, startx, starty):
        self.maze = maze
        self.startx = startx
        self.starty = starty
    def genMaze(self):
        visited = [(self.startx, self.starty)]
        now = (self.startx, self.starty)
        self.maze.setSingle(now[0], now[1], 1)
        while len(visited) > 0:
            emptyBlock, listBlock = self.maze.getNearby(now[0], now[1])
            if emptyBlock > 0:
                random.shuffle(listBlock)
                visited.append(listBlock[0][1])
                self.maze.setSingle(listBlock[0][1][0], listBlock[0][1][1], 1)
                vx = 0
                vy = 0
                if listBlock[0][0] == 'L':
                    vy = 1
                elif listBlock[0][0] == 'R':
                    vy = -1
                elif listBlock[0][0] == 'T':
```

```
            vx = 1
        elif listBlock[0][0] == 'B':
            vx = -1
        self.maze.setSingle(listBlock[0][1][0] + vx, listBlock[0]
            [1][1] + vy, 1)
        now = listBlock[0][1]
    else:
        now = visited[-1]
        visited = visited[:-1]
```

9.2.4 创造并展示迷宫

现在只需要将之前所做的所有东西按照顺序调用就可以了。

首先创建迷宫本身的容器，然后交给生成器来生成迷宫，然后再通过渲染器来渲染出图像。

```
maze = Maze(99, 99) # 管理一个 99 * 99 大小的迷宫（包括迷宫墙）
render = Render(maze)
render.show()
maze.setSingle(0,1,1) # 设置一个迷宫的缺口作为入口
mazeMeta = maze.getMazeMeta()
maze.setSingle(mazeMeta[0] - 2, mazeMeta[1] - 1, 1) # 设置一个出口
render.show()
gen = Generator(maze, 1 ,1)
gen.genMaze()
render.show()
```

界面上应该会先显示一个全黑的迷宫，然后显示出出入口位置，然后显示整个生成的迷宫。

现在就可以看到这个随机生成的迷宫，如图 9-3 所示，由于后面会不断地重新执行整个程序，所以每一次生成的迷宫都是不同的。

图 9-3　生成迷宫

9.3 寻找迷宫的出口

现在有了一个随机生成的迷宫，那么如何让程序自己解这个迷宫呢？

首先我们知道迷宫有一个入口和一个出口，中间会有很多的岔路，所以可以设计一个算法来解这个迷宫。

9.3.1 搜索算法

有很多种迷宫搜索算法可以解迷宫，有些可以处理带有循环的迷宫，有些不能。下面介绍一个简单的迷宫搜索算法和一个比较复杂的地图搜索算法：深度优先和算法 A-Star 算法。

因为要尝试多种算法，所以可以定义一个基类，然后让其他类继承它来实现寻路算法。同时，提供一个方法来获取一个方格周围的 4 个方格状态。

```
class MazeSolver:
    def __init__(self, maze, startx, starty, endx, endy):
        self.maze = maze
        self.startx = startx
        self.starty = starty
        self.endx = endx
        self.endy = endy
    def getMazeNearField(x, y):
        listBlock = []
        searchBlock = [
            (x, y - 1, ),
            (x, y + 1, ),
            (x - 1, y, ),
            (x + 1, y, )
        ]
        for block in searchBlock:
            if block[1][0] < self.x and block[1][1] < self.y and
block[1][0] >= 0 and block[1][1] >= 0:
                if self.maze[block[1][0]][block[1][1]] == 0:
                    listBlock.append(block)
            return listBlock
    def solve():
        pass
```

getMazeNearField() 方法类似于之前写过的 getNearBy() 方法，不过它不再跳过迷宫的墙，而是真正的扫描每一个通路。

1. 深度优先算法

深度优先算法是一个非常容易实现也非常容易想清楚的迷宫搜索算法，就像人在走迷宫一样，当没有选择的时候就一直向前走，当遇到岔路时就随机选择一个方向，如果这个方向最后走不通就回到上一个岔路口并尝试走向另一个方向，如果这个岔路口的所有方向走过，则继续回到再上一个岔路口继续寻找，直到走到出口为止。

这个方法有一个显而易见的缺点，在最差的情况下，走遍整个迷宫才能找到出口。下面就来着手实现这个算法。

首先，继承于 MazeSolver 类并声明一个新类。

```
class MazeSolverDFS(MazeSolver):
    def __init__(self, maze, startx, starty, endx, endy):
        super.__init__(maze, startx, starty, endx, endy)
    def solve():
        pass
```

创建几个变量用于放置寻路数据。

```
now = (startx, starty) # 当前点
openList = []   # 搜索过的路径
closeList = []  # 死路
forkList = []   # 分叉点
```

在搜索到出口之前继续循环。

```
while now != (self.endx, self.endy):
    pass
```

先将当前节点加入到搜索过的路径里，然后获取这个节点周围的有效节点，记作 near，但 near 中一定含有曾经去过的节点，所以将 openList 和 closeList 中的节点全部排除。

```
openList.append(now)
near = self.getMazeNearField(now[0], now[1])
for n in openList:
    if n in near:
        near.remove(n)
for n in closeList:
    if n in near:
        near.remove(n)
```

在排除了已扫描过的节点后，如果有且只有一个路径，那么只需要将正在扫描的节点设置为这个唯一的节点。

如果有多于一个节点，那么说明这是一个分叉点，将这个分叉点放入 forkList 中，这样当搜索某一个岔路失败的时候就可以回溯到这个节点上，从其他方向继续。然后随机选择一个方向进行寻路。

如果没有任何一个节点存在，则说明走到了死路，就需要从 forkList 取出最后一个分叉点，然后将 openList 中分叉点之后的轨迹全部加入到 closeList 里面，记作死路。然后将 openList 返回到分叉点，继续选择其他方向继续扫描。

```
random.shuffle(near)
if len(near) == 1:
```

```
        now = near[0]
    elif len(near) > 1:
        now = near[0]
        forkList.append(now)
    elif len(near) == 0:
        now = forkList[-1]
        forkList = forkList[:-1]
        lastOpen = openList.index(now)
        closeList.extend(openList[lastOpen:])
        openList = openList[:lastOpen - 1]
```

最终当正在扫描的节点到达结束节点时，将结束节点加入到搜索过的列表中，最终搜索过的列表即是最终路径。最终，代码应该如下所示：

```
class MazeSolverDFS(MazeSolver):
    def __init__(self, maze, startx, starty, endx, endy):
        MazeSolver.__init__(self, maze, startx, starty, endx, endy)
    def solve(self):
        now = (self.startx, self.starty, )
        openList = []
        closeList = []
        forkList = []
        while now != (self.endx, self.endy):
            openList.append(now)
            near = self.getMazeNearField(now[0], now[1])
            for n in openList:
                if n in near:
                    near.remove(n)
            for n in closeList:
                if n in near:
                    near.remove(n)
            if len(near) == 1:
                now = near[0]
            elif len(near) > 1:
                now = near[0]
                forkList.append(now)
            elif len(near) == 0:
                now = forkList[-1]
                forkList = forkList[:-1]
                lastOpen = openList.index(now)
                closeList.extend(openList[lastOpen:])
                openList = openList[:lastOpen - 1]
```

```
        openList.append(now)
        return openList, closeList
```

2. A-Star 算法

在实际的寻路中还有一种寻路算法叫作 A-Star 算法，即 A* 算法。这种算法可以以最小的搜索深度找到最佳的路径。

A-Star 算法中，有如下几个定义：

（1）开放列表记作 openList，开放列表中放置着待检查的方格列表。

（2）封闭列表记作 closeList，封闭列表中的方格不需要再关注。

（3）移动代价记作 G，为沿着到达该方格生成的路径距离。

（4）估算成本记作 H，为预计到达目标的距离。

（5）F 值为移动代价和估算成本的总和。

在 A-Star 算法中，从起点开始检查周围的方格，然后向四周继续检查直到找到目的地。

A-Star 算法涉及一个公式，即 F=G+H，G 即移动代价，我们定义每按照路径移动 1 格，代价为 1。 H 即估算成本。一般对于地图而言，估算的运动代价使用这个方格与终点的距离来表示。因为设定迷宫不能斜向行走，所以这里使用曼哈顿距离比较方便，曼哈顿距离公式：$|Xa-Xb|+|Ya-Yb|$，也就是此方格到目标方格的 X、Y 轴距离的数值和。

用代码表示如下：

```
def manhattan(xa, ya, xb, yb):
    return abs(xa - xb) + abs(ya - yb)
```

而 F 值则是简单的将 G 和 H 相加。

我们同样定义一个类来保存这些信息，其中 node 为节点的元组 (x, y) ，parent 则是这个方格从路径搜索的来源方格，记作父方格。

```
class AStarMeta:
    def __init__(self, parent, node, G, H):
        self.G = G
        self.H = H
        if G == None or H == None:
            self.F = None
        else:
            self.F = G + H
        self.node = node
        self.parent = parent
```

我们定义开放列表和封闭列表。为方便查找，使用方格位置的元组 (x, y) 作为键值。maxF 则是缓存 F 的最大值。

这样就可以在每次搜索最小的 F 值时先将一个临时变量设置为最大的 F 值，这样就一定会有方格比这个值要小，最终找到最小 F 值的方格。

```
openList = {}
closeList = {}
```

```
maxF = 0
```

先将起点放入开放列表中。因为起点没有父方格，所以把它定义为None。

```
openList[now] = AStarMeta(None, now, 1, manhattan(now[0], now[1]))
```

然后，将开放列表中F值最小的方格取出。先将minF设置为maxF的值，这样任何比maxF小的F值都会更新minF值，最终找到F值最小的节点。

```
oList = list(openList.values())
minF = maxF
minNode = None
for o in oList:
    if o.F <= minF:
        minF = o.F
        minNode = o.node
now = oList[0].node
```

获取这个节点周围的节点信息。

```
near = getMazeNearField(now[0], now[1])
```

然后检查这些节点，如果它处于开放列表或者封闭列表中，则计算沿当前路径计算的G值，并判断新的G值是否小于原有的值。如果小于原有的值，说明新路径要优于旧路径，即从起点移动过来的步数更少，于是更新这个节点的G和F值，并视情况更新全局最大F值的缓存。

如果节点既不在开放列表又不在封闭列表中，就将它放入开放列表中，并等待下一次处理。

因为当前节点到此已经处理完了，所以将它放入封闭列表中，并从开放列表中删除这个节点。

```
for n in near:
    if n in openList.keys():
        nG = openList[now].G + 1
        if openList[n].G > nG:
            openList[n].G = nG
            openList[n].F = openList[n].G + openList[n].H
            openList[n].parent = n
            if openList[n].F > maxF:
                maxF = openList[n].F
    elif n in closeList.keys():
        nG = openList[now].G + 1
        if closeList[n].G > nG:
            closeList[n].G = nG
            closeList[n].F = closeList[n].G + closeList[n].H
            closeList[n].parent = n
            if closeList[n].F > maxF:
                maxF = closeList[n].F
```

```
    else:
        openList[n] = self.AStarMeta(openList[now], n, openList[now].G + 1,
self.manhattan(n[0], n[1]))
        if openList[n].F > maxF:
            maxF = openList[n].F
closeList[now] = openList[now]
del openList[now]
```

经过多个循环后，最终就可以搜索到目的地节点。这时，可以从最后一个节点不断获取节点的父节点，直到父节点为 None，就到达了起点。

```
nodePass = closeList[now].parent
solve = [now]
while nodePass != None:
    solve.insert(0, nodePass.node)
    nodePass = nodePass.parent
```

最终 solve 列表就是最终的路径列表了。

同样通过实现 MazeSolver 类来完成 A-Star 算法。

```
class MazeSolverAStarWithManhattan(MazeSolver):
    def __init__(self, maze, startx, starty, endx, endy):
        MazeSolver.__init__(self, maze, startx, starty, endx, endy)
    class AStarMeta:
        def __init__(self, parent, node, G, H):
            self.G = G
            self.H = H
            if G == None or H == None:
                self.F = None
            else:
                self.F = G + H
            self.node = node
            self.parent = parent
    def manhattan(self, x, y):
        return abs(x - self.endx) + abs(y - self.endy)
    def solve(self):
        now = (self.startx, self.starty, )
        openList = {}
        closeList = {}
        openList[now] = self.AStarMeta(None, now, 1, self.manhattan(now[0],
now[1]))
        maxF = openList[now].F
        while now != (self.endx, self.endy):
            oList = list(openList.values())
            minF = maxF
```

```
            minNode = None
            for o in oList:
                if o.F <= minF:
                    minF = o.F
                    minNode = o.node
            now = oList[0].node
            closeList[now] = openList[now]
            near = self.getMazeNearField(now[0], now[1])
            for n in near:
                if n in openList.keys():
                    nG = openList[now].G + 1
                    if openList[n].G > nG:
                        openList[n].G = nG
                        openList[n].F = openList[n].G + openList[n].H
                        openList[n].parent = n
                        if openList[n].F > maxF:
                            maxF = openList[n].F
                elif n in closeList.keys():
                    nG = openList[now].G + 1
                    if closeList[n].G > nG:
                        closeList[n].G = nG
                        closeList[n].F = closeList[n].G + closeList[n].H
                        closeList[n].parent = n
                        if closeList[n].F > maxF:
                            maxF = closeList[n].F
                else:
                    openList[n] = self.AStarMeta(openList[now], n,
openList[now].G + 1, self.manhattan(n[0], n[1]))
                    if openList[n].F > maxF:
                        maxF = openList[n].F
            del openList[now]
        nodePass = closeList[now].parent
        solve = [now]
        checked = []
        while nodePass != None:
            solve.insert(0, nodePass.node)
            nodePass = nodePass.parent
        for n in closeList.values():
            if n.node not in solve:
                checked.append(n.node)
        for n in openList.values():
```

```
            if n.node not in solve:
                checked.append(n.node)
        return solve, checked
```

3. 算法对比

对比两个算法，深度优先算法实现简单，A-Star 算法实现难度稍高一些。在寻路过程中，A-Star 算法可以应对更加开放的地图，比如有多条线路可以到达目的地时，深度优先算法能给出一个可行但非最佳的路线，A-Star 则可以获得最佳路线。

在本例中，A-Star 算法在执行每一步寻路时的速度更快，随着地图面积增加，A-Star 算法寻路的速度优势会更加明显。

深度优先算法在最好情况下可以一次性直接给出路线，而最差情况下其需要遍历整个地图才能获得最终的路线。

9.3.2 增加显示函数

为了显示搜索到的路径，增加一个显示方法，复制原有的显示函数，在显示函数上方增加显示路径的代码。我们先将传入的路径搜索器实例化，并调用获得路径信息，然后获取一个迷宫数组的复制，将最终路径设置为 0.5，将其显示为橘黄色，将搜索过的死路或者放弃的路径设置为 0.9，即寻路结果。

```
    def withSolve(self, solver, startx, starty, endx, endy):
        solveInstance = solver(self.maze, startx, starty, endx, endy)
        solveOpen, solveClose = solveInstance.solve()
        mazeArray = self.maze.getMazeCopy()
        for s in solveOpen:
            mazeArray[s[0]][s[1]] = 0.5
        for s in solveClose:
            mazeArray[s[0]][s[1]] = 0.9
        plt.clf()
        plt.figure(dpi = 400)
        plt.axis('off')
        plt.imshow(mazeArray, cmap='hot', interpolation='nearest')
        plt.show()
```

最终通过调用下面的方法来获得最终的图像显示。

```
render.withSolve(MazeSolverXXX, startx, starty, endx, endy)
```

是时候看一看刚刚所写的算法可视化图了。先来看看深度优先算法，如图 9-4 所示。

```
render.withSolve(MazeSolverDFS, 0, 1, mazeMeta[0] - 2, mazeMeta[1] - 1)
```

图 9-4　深度优先

再来看一看 A-Star 算法，如图 9-5 所示。

```
render.withSolve(MazeSolverAStarWithManhattan, 0, 1, mazeMeta[0] - 2,
mazeMeta[1] - 1)
```

图 9-5　A-Star

会发现 A-Star 算法搜索的区域比深度优先算法小很多，最终也找到了同样的路径。

不过还可能遇到一个情况，就是深度优先算法所产生的路径小于 A-Star，这是由于深度优先算法在路口进行随机选择时，如果每一次都恰巧选择了正确的路口，那么它可能一次就找到最终路径，最终导致它的搜索范围小于 A-Star 算法，但随着迷宫的大小增加，深度优先算法出现这种情况的可能性就会大幅度降低。图 9-6 和图 9-7 就是这种特殊情况之一。

图 9-6　深度优先算法特例

图 9-7　A-Star 算法特例

小　结

通过本章的内容，可成功实现并显示一个迷宫，并且自动地解决了迷宫的路径规划。下一章我们将导出这个迷宫程序，是用一些方法加速它的运行。

习　题

1. 将 A–Star 算法更改为允许斜向行走。（注意：使用欧几里得距离代替曼哈顿距离函数，欧几里得距离公式：sqrt((x1−x2)^2 + (y1−y2)^2)。）

2. 使用预排序的列表加快 A–Star 算法搜索最小 F 值的速度，在向开放列表插入或修改数据时就执行排序。看一看能比每次都进行排序的算法快多少。

3. 想一想有没有可能将迷宫生成和解决算法拓展到三维。在三维状态下，有什么更广泛的用途？

第10章 Cython

Cython 是结合了 Python 和 C 语法的一种语言。可以在维持大部分 Python 语法的情况下将其编译为二进制程序，所以性能较 Python 而言会有较大提升。这一章就来简单介绍如何使用 Cython ，以及体验 Cython 编译后和 Python 解释器的差距。

10.1 Cython —— Python 的方言之一

Cython 总体来说是拥有一些特殊定义和关键字的 Python 方言，新增加的关键字会被 Cython 转换器读取并转换为对应 C 代码，以避开 Python 解释器而直接由 C API 提供功能，来提升运行速度。

10.1.1 安装 Cython

在开始学习 Cython 之前，需要安装它的转换器和编译 C 语言代码所需的工具链，还需要拥有 Python 的头文件和动态链接库。

首先安装 Cython。Cython 本身只是一个转换工具，它可以非常简单地使用下面的命令进行安装：

```
pip install Cython
```

然后就可以使用 Cython 命令了，但在这之前还需要安装 C 链接库和编译器，这取决于所使用的系统。一般来说，如果使用的是 Windows 系列的操作系统，那么安装的 Python 应该为 MSVC 编译的版本，如果正在使用 GNU/Linux 系统，应该使用的是 GCC 编译器，如果使用的是 MacOS 系统，那么应该使用的是 Clang 编译器。不同的编译器所使用的 C 语言基础库是不同的，而且不能混用。不过一般来说，使用系统自带的包管理器进行安装就可以保证使用的是一致的编译器。

Windows 系统在微软官网下载 Visual Studio 生成工具即可，如果希望拥有完整的 IDE，可以下载 Visual Studio Community 并安装 C++ 编译所需的文件。GNU/Linux 可以使用包管理器安装 gcc、g++ 和 python3-dev 包。如果使用的是 MacOS，那么应该使用的是 MacOS Clang，需要安装并打开一次 Xcode 来获得工具链，如果不想使用 Xcode，可以打开一个终端并输入 gcc，之后 MacOS 会弹出请求安装命令行编译工具的窗口，单击“安装”开始安装即可，如图 10-1 所示。

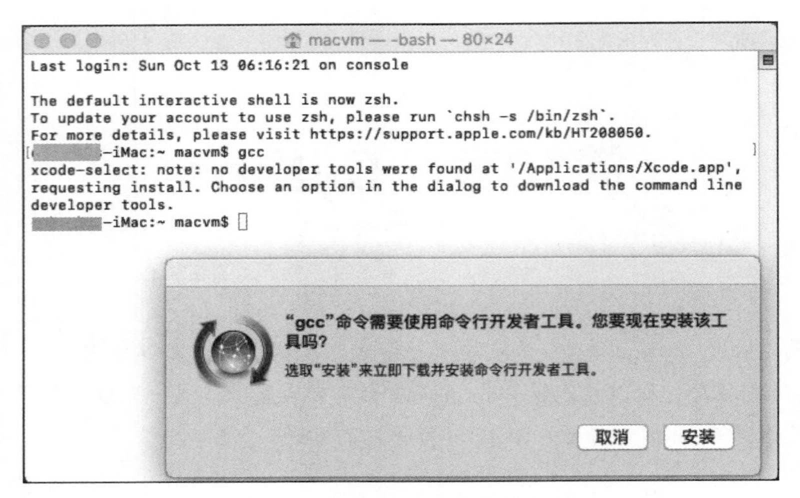

图 10-1 MacOS 用户安装 gcc

注意：当在 MacOS 上安装了 Xcode 后，虽然使用的是 MacOS Clang，但它会自动地创建 gcc 到 clang 的链接，可以将其视作 GNU/Linux 来执行命令。但某些参数需要调整。

10.1.2 Cython 语法

Cython 相比于 Python 并没有太大的改变，最主要的是增加了一些关键字，比如 cpdef 和 cdef 来定义适用于 C API 的方法和变量。用 cimport 来导入来自于 C API 头文件中的方法。

同时，Cython 会把代码转换为 C 语言的代码，然后进行编译，变成本地库或者可执行的二进制文件。

常用的函数定义关键字 def 在 Cython 中有一个变体叫作 cdef，它代表着这是一个由 Cython 处理的函数，实际上它也代表着一个定义的纯 C 函数。使用 cdef 的时候需要定义这个函数的返回类型——就像在定义 C 函数那样。

def 关键字还有另外一个变体—— cpdef ，它与 cdef 不同，可以自动推断返回值类型，不需要定义函数的返回类型，就像把 C 的函数和 Python 的函数合体一样，实际上这样更加方便，但调用速度会低于 cdef。

既然可以将 Cython 代码编译为库或者可执行程序，那么能不能直接调用 C 语言的方法呢？当然是可以的。通过 cdef extern from "xxx.h" 方法就可以将一个头文件的函数定义导入到 Cython 中了。

```
cdef extern from "header.h":
    type functionName(type args)
```

当然 Cython 本身也准备了一些标准库的导入，只需要使用以下代码即可实现。

```
from libcpp.libraryname cimport functionname
```

10.1.3 将 Python 代码转换为 Cython 代码

实际 Python 代码转换为 Cython 代码是非常简单的，如果纠结于扩展名的话，Cython 的扩展名是 pyx，有一些 IDE 会识别这个扩展名来进行代码染色和代码推断。

将 Python 代码转换为 Cython 的 C 代码，只需要在命令行界面上输入下面的命令就可以了：

```
cython xxx.pyx
```

但有时候可能想要编译出一个可以直接运行的程序，那这个时候就需要使用这条命令：

```
cython --embed xxx.pyx
```

然后在与这个 pyx 文件同级的目录下就会出现一个 .c 的文件，这就是需要的 Cython 转换后的代码了。

10.1.4 编译 Cython 文件

现在已经有了 .c 的 C 语言文件，下面就要像 C 语言程序一样来编译它了。

如果在使用 Linux 系统，那么可以非常简单地使用下面的命令进行编译。

```
gcc $(pkg-config --libs --cflags python3) -fPIC -shared -o xxx xxx.c
```

pkg-config 命令会自动提供编译这个文件需要的命令。如果正在使用 MacOS，可能并没有 pkg-config 可用，需要使用 -I、-L、-l 三个开关和相关参数组合来手动地提供命令。

注：如果在之前使用了 --embed 参数，则这里不需要添加 -fPIC -shared。

然后就可以直接用其他程序来调用它了，如果加了 --embed 参数，则会直接编译出可执行文件，就可以直接运行了。

如果遇到了其他问题，可以查找 C 语言文件的编译相关信息，在此不再详述。

10.1.5 Jupyter 与 Cython

在前面一节，会发现编译可能是一个大问题，所以可以沿用上一章所使用的 Jupyter。

首先需要像激活 Matplotlib 的显示一样的方法，使用以下代码来激活 Jupyter 的 Cython 拓展。

```
%load_ext cython
```

然后在需要使用 Cython 的单元格里先输入以下代码，然后再输入相关的代码，Jupyter 就可以自动编译并运行代码了。

```
%%cython
```

```
%load_ext cython
%%cython
cpdef add(a, b):
    return a + b
add(1, 2)
```

10.2 测量性能

测量性能常用 timeit 包进行测量，在 Jupyter 中，可以使用 %timeit 前缀要求 Jupyter 调用 timeit 进行计时动作。但 %timeit 是运行多次并取平均值来统计执行时间并去除误差，我们还想要运行指定次数的合计时间，所以可以在最前面同时加上 %time 来计算总计时间。虽然这会产生一些误差，但足以显示 Python 和 Cython 之间运行时间的差距。

下例为测量一个球体上两点之间沿表面计算的距离。

距离公式是 acos(cos(a)*cos(b) + sin(a)*sin(b)*cos(theta))。我们以地球作为目标，半径 6 371 km 来计算。

```
import math
def point2point_def_def_noheader(x1,y1,x2,y2):
    r = 6371
    x = math.pi/180.0
    a = (90.0-x1)*(x)
    b = (90.0-x2)*(x)
    theta = (y2-y1)*(x)
    c = math.acos((math.cos(a)*math.cos(b)) +
                  (math.sin(a)*math.sin(b)*math.cos(theta)))
    return r*c
```

然后来测量它的运行速度。

```
x1, y1, x2, y2 = -72.345, 34.323, -61.823, 54.826
%time %timeit -n 500000 point2point_def_def_noheader(x1, y1, x2, y2)
```

在编者的计算机上结果为：

```
1.61 µs ± 14.3 ns per loop (mean ± std. dev. of 7 runs, 500000 loops each)
Wall time: 5.62 s
```

即 5.62 s 完成，运行 500 000 次中，每次 1.61 µs，误差 14.3 ns。

我们来将它改成 Cython 的代码，首先将变量定义改成 Cython 的定义，看看能快多少。

```
%%cython
import math
def point2point_def_cdef_noheader(x1,y1,x2,y2):
    cdef float r = 6371.0
    cdef float pi = 3.14159265
    cdef float x = pi/180.0
    cdef float a,b,theta,c

    a = (90.0 - x1)*(x)
    b = (90.0 - x2)*(x)
    theta = (y2 - y1)*(x)
    c = math.acos((math.cos(a)*math.cos(b)) +
```

```
                    (math.sin(a)*math.sin(b)*math.cos(theta)))
    return r*c
```

然后进行测试：

```
%time %timeit -n 500000 point2point_def_cdef_noheader(x1, y1, x2, y2)
```

在编者的计算机上结果如下：

```
1.07 µs ± 9.05 ns per loop (mean ± std. dev. of 7 runs, 500000 loops each)
Wall time: 3.75 s
```

总时间 3.75 s，每个循环 1.07 μs，误差 9.05 ns。

我们可以看到仅仅是将 Python 管理的变量改成 Cython 管理的变量，就让整个程序快了一倍！

但这还不够，现在使用的还是 Python 提供的数学类，我们更换一下，从 C API 库中使用 math.h 头文件中的三角函数来替代 math 库提供的三角函数。

```
%%cython
cdef extern from "math.h":
    float cosf(float theta)
    float sinf(float theta)
    float acosf(float theta)

def point2point_def_cdef_header(float x1,float y1,float x2,float y2):
    cdef float r = 6371.0
    cdef float pi = 3.14159265
    cdef float x = pi/180.0
    cdef float a,b,theta,c

    a = (90.0 - x1)*(x)
    b = (90.0 - x2)*(x)
    theta = (y2 - y1)*(x)
    c = acosf((cosf(a)*cosf(b)) +
                    (sinf(a)*sinf(b)*cosf(theta)))
    return r*c
```

同样我们进行测速：

```
%time %timeit -n 500000 point2point_def_cdef_header(x1, y1, x2, y2)
```

在编者的计算机上结果如下：

```
191 ns ± 2.39 ns per loop (mean ± std. dev. of 7 runs, 500000 loops each)
Wall time: 677 ms
```

总时间 677 ms，每个循环仅仅需要 191 ns，误差 2.39 ns。

这个速度是不是快的让人不敢相信？那么如果把整个函数都声明为 cdef 呢？

```
%%cython
```

```
cdef extern from "math.h":
    float cosf(float theta)
    float sinf(float theta)
    float acosf(float theta)

cdef float point2point_cdef_cdef_header(float x1,float y1,float x2,float y2):
    cdef float r = 6371.0
    cdef float pi = 3.14159265
    cdef float x = pi/180.0
    cdef float a,b,theta,c

    a = (90.0 - x1)*(x)
    b = (90.0 - x2)*(x)
    theta = (y2 - y1)*(x)
    c = acosf((cosf(a)*cosf(b)) +
                 (sinf(a)*sinf(b)*cosf(theta)))
    return r*c

def time_point2point_point2point_cdef_cdef_header(x1,y1,x2,y2):
    return point2point_point2point_cdef_cdef_header(x1, y1, x2, y2)
```

需要注意的是 timeit 本身是不支持 cdef 的，所以用一个标准的 Python 函数将其包裹一层。

```
189 ns ± 1.38 ns per loop (mean ± std. dev. of 7 runs, 500000 loops each)
Wall time: 665 ms
```

这就发现，变化并不是很明显了。那么方便的 cpdef 会使用多长时间呢?

```
%%cython
cdef extern from "math.h":
    float cosf(float theta)
    float sinf(float theta)
    float acosf(float theta)

cpdef point2point_point2point_cpdef_cdef_header(x1,y1,x2,y2):
    cdef float r = 6371.0
    cdef float pi = 3.14159265
    cdef float x = pi/180.0
    cdef float a,b,theta,c

    a = (90.0 - x1)*(x)
    b = (90.0 - x2)*(x)
    theta = (y2 - y1)*(x)
    c = acosf((cosf(a)*cosf(b)) +
                 (sinf(a)*sinf(b)*cosf(theta)))
    return r*c
```

```
def time_point2point_point2point_cpdef_cdef_header(x1,y1,x2,y2):
    return point2point_point2point_cpdef_cdef_header(x1, y1, x2, y2)
```

同样因为 timeit 不支持 cpdef，我们仍然将其包裹起来。

```
%time %timeit -n 500000 time_point2point_point2point_cpdef_cdef_
header(x1, y1, x2, y2)
```

那么结果就是这样了：

```
281 ns ± 1.36 ns per loop (mean ± std. dev. of 7 runs, 500000 loops each)
Wall time: 984 ms
```

竟然消耗了 984 ms，这是为什么呢？原因是 cpdef 需要推断值的类型，在这个时候更多的消耗了资源，反而导致了性能的浪费。

我们来统计一下各种方法运行 500 000 次所使用的时间，如表 10–1 所示。

表 10–1 Python 与 Cython 定义速度对比表

函 数 声 明	变 量 声 明	使用 C 头文件	时 间
def	def	否	5.62 s
def	cdef	否	3.75 s
def	cdef	是	677 ms
cdef	cdef	是	665 ms
cpdef	cdef	是	984 ms

所以由此看来，Cython 确实能够大幅度地提升 Python 的运算速度。

注意： JypyterCython 支持是按照单元格处理的，所以如果发现无法访问之前的单元格，可以尝试使用 Edit 中的 Merge 命令合并单元格，然后使用 Kernel 菜单中的 Restart & Run All。

10.3 用 Cython 改写迷宫

有了上面的这些测试，我们就可以来着手改造我们的迷宫程序了。

10.3.1 用 Cython 创造迷宫

因为生成迷宫是一个比较容易的操作，所以我们以迷宫生成算法作为目标进行改进。如果有兴趣可以自己尝试改写寻路算法的相关内容。

```
%load_ext cython
%%cython
# distutils: language = c++
```

我们需要先启用 Cython 支持，并且标记这个单元格是一个 Cython 语法单元格。

同时因为我们需要一些来自 C++ 的标准库，所以需要使用一个注释 distutils: language = c++ 让 Cython 生成 C++ 的文件。（注意：如果使用 Cython 命令转换这个文件，编译时请使用 g++ 来替代 gcc。）

```
from libc.string cimport memcpy
from libcpp.pair cimport pair
from libcpp.string cimport string
```

然后需要从 C/C++ 的头文件中导入一些函数。这些函数包括内存复制，动态数组、元组支持等。

首先因为 C/C++ 的二维数组是不支持可变长度的，所以稍微变通一下，定义两个预处理值来代表迷宫的长和宽。

```
DEF MazeX = 33
DEF MazeY = 33
```

然后来改造 Maze 类，这个类是管理迷宫本身数据的类，因为这里使用了 Python 的列表作为二维数组，所以性能损失比较明显。我们将其改为 C 的二维数组。

```
cdef class Maze:
    cdef int x
    cdef int y
    cdef int[MazeX][MazeY] maze
    def __init__(self):
        self.x = MazeX
        self.y = MazeY
```

在 Cython 中，如果想要使用类变量，必须先在类中声明，并且要声明它的类型，这里长和宽的数值使用 int 整形，迷宫的二维数组使用 int[][] 二维数组来解决，因为上面定义了 DEF MazeX 和 DEF MazeY，所以在这里会在编译时直接被处理为两者的值。在 C 语言中数组初始化后的内容本来就是全部为 0，所以不再需要对其赋值。

同时，我们之前实现 getMazeCopy 的时候是使用的 Python 的复制方法，我们同样将其修改为 C 的方法。使用 memcpy 来进行快速内存复制。

```
    def getMazeCopy(self):
        cdef int[MazeX][MazeY] copyedmaze
        memcpy(copyedmaze, self.maze, sizeof(int) * MazeX * MazeY)
        return copyedmaze
```

首先，我们新建一个空白的与原有数组大小相同的二维数组，然后使用 memcpy 来复制整个数组，注意 memcpy 的第三个参数是指数组的长度，因为数组内使用的是 int 整形，所以使用 sizeof 来获得整形的长度，并且乘上长和宽来得到整个数组的长度。

而其他的就不进行修改了。为了测速方便，我们写一个辅助方法。

```
def speedTest():
    random.seed(500000)
    Generator(Maze(), 1 ,1).genMaze()
```

计算机产生的“随机数”在一般情况下都是伪随机数，如果给它相同的种子，它将会生成同样的“随机”序列，所以可以通过定义随机种子的方式保持每一次生成迷宫都是相同的，以利于进行测速。

下面执行测速指令。

```
%time %timeit -n 1000 speedTest()
```

注：请将迷宫的长和宽适当降低，因为 timeit 将会运行 7 次，每次执行 1 000 次循环取平均值来消除误差，当设置的迷宫过大时，可能需要很久才能得到结果。

10.3.2 对比 Python 和 Cython 的速度

10.3.1 节我们进行了测速，仅仅更改了数组和数组复制的部分，能提升多少呢？

在这之前先来看看纯 Python 版本的速度。在编者的计算机上，Python 版本的迷宫生成算法速度如下：

```
3.33 ms ± 27.9 ?s per loop (mean ± std. dev. of 7 runs, 1000 loops each)
Wall time: 23.3 s
```

每次生成耗时 3.33 ms，误差 27.9 μus，总时间 23.3 s。

那么 Cython 修改了这么一点点之后，又能提升多少效率呢？

```
1.42 ms ± 5.21 ?s per loop (mean ± std. dev. of 7 runs, 1000 loops each)
Wall time: 9.96 s
```

每次生成这次只需要 1.42 ms，误差 5.21 μs 了！总时间仅仅只需要 9.96 s，快了不止一倍！这是为什么呢？

首先 Python 使用的列表并不是通常意义上的数组，而是一个动态数组，并且由于它是一个脚本型语言，所以它需要在运行时不断地对数组型变量做下标检查来避免溢出。而在很多时候，我们是可以控制输入值来直接避免溢出的，这个时候下标检查会大幅度地拖慢程序地运行速度。

其次，Python 是一个解释执行的语言，每次读入脚本和指令后都需要在 Python 的语言解释器中运行，并将它转换为机器可以读取的系统调用。而当使用 Cython 直接调用时，不再需要语法解释器，大幅度节省了语法解析的时间，同时，由于这时程序已经被编译为了可执行文件，所以代码中本身的内容已经在编译时转换为了系统调用，这样就不需要再通过 Python 解释器了，节省了大量的执行时间。

小　结

通过这一章的讲述，读者应该开始明白了 Cython 是什么，实际上，如果想用好 Cython，需要了解一些 C++ 的语法和重载，最好要知道而且会用 C++ 11 以上的 std 标准库的用法。这样才能更好的使用 Cython。

习　题

下面是一段计算 n 位 pi 值得程序，将下列代码转换为 Cython 代码，测速并看一看比原版快了多少。

```
def pi(n):
```

```
    p = 10 ** (n + 10)
    a = p * 16 // 5
    b = p * 4 // -239
    f = a + b
    p = f
    j = 3
    while abs(f):
        a //= -25
        b //= -57121
        f = (a + b) // j
        p += f
        j += 2
    return p // 10**10
```

第11章 Python游戏开发

在本章中，将从支持库的安装开始学习如何制作一个属于自己的2048游戏。为此，首先需要确定计算机中已经配置好了Python 3和一些必要的支持资源。如果已经完成这些资源的配置，就可以开始下一步操作了。

11.1 初识pygame

pygame是一个社区活跃、支持广泛Python游戏库。它基于Simple DirectMedia Layer（SDL）进行开发。通过pygame库，开发者可以直接在Python基础上调用SDL的相关功能直接进行电子游戏软件的开发，而不需要学习SDL中默认的C/C++语言。同时，在该库中所有游戏相关的功能和调用都被简化为游戏逻辑本身，所有的资源调用和开发都可以在Python中完成。

不过，从功能角度来看，pygame更倾向于对2D平面游戏进行制作，也就是说使用该库可以简单方便地开发2048或者雷电。开发3D游戏并非不可能，但是将会面临很大的问题和困扰。为了让读者更有趣地完成本章节的任务，本章节将不接触3D的范畴。

最后，值得注意的是，pygame的官方名称均为小写字母。这不是一个拼写错误而是官方要求。图11-1所示为pygame的官方logo。

图11-1 pygame的官方logo，一条咬住游戏手柄的蛇

11.1.1 安装pygame

pygame的安装十分简单，若计算机已经配置了Python 3和pip包管理程序，只需要用下面一行代码就可以完成对pygame的安装。

```
pip install pygame
```

如果计算机同时安装了Python 2和3或更多版本的时候，可能需要使用pip3或其他命令来确保 pygame 安装为 Python 3 所需版本。当正确执行命令的时候，计算机可能会出现图 11-2 所示输出。

```
管理员: 命令提示符
Microsoft Windows [版本 10.0.18362.356]
(c) 2019 Microsoft Corporation。保留所有权利。

C:\Users\WDAGUtilityAccount>pip install pygame
Collecting pygame
  Downloading https://files.pythonhosted.org/packages/ed/56/b63ab3724acff69f4080e54c4bc5f55d1fbdeeb19b92b70acf45e88a5908/pygame-1.9.6-cp37-cp37m-win_amd64.whl (4.3MB)
    100% |████████████████████████████████| 4.3MB 22kB/s
Installing collected packages: pygame
Successfully installed pygame-1.9.6

C:\Users\WDAGUtilityAccount>
```

图 11-2　pygame 库已经成功安装

图 11-2 只是用于示例，在实际操作中，连接和其余内容均有可能稍有不同。但是只要确定最终结果中出现了“Successfully installed pygame- 版本号”提示，即可确定该库已经安装成功。确定安装完成后，可以在命令提示行中首先输入 python 命令进入 python 命令行模式，之后输入 import pygame 命令并按【Enter】键来确定模块是否进入到工作状态。如果出现图 11-3 所示代码，说明计算机已经具备了 pygame 工作的所有条件。

```
管理员: 命令提示符 - python
Microsoft Windows [版本 10.0.18362.356]
(c) 2019 Microsoft Corporation。保留所有权利。

C:\Users\WDAGUtilityAccount>python
Python 3.7.2 (tags/v3.7.2:9a3ffc0492, Dec 23 2018, 23:09:28) [MSC v.1916 64 bit (AMD64)] on win32
Type "help", "copyright", "credits" or "license" for more information.
>>> import pygame
pygame 1.9.6
Hello from the pygame community. https://www.pygame.org/contribute.html
>>>
```

图 11-3　pygame 已经可以正常工作

11.1.2　pygame 常用函数一览

在 pygame 中，常见的函数主要如表 11-1 所示。不过在不同的系统中，有些函数的设计和用法可能有所不用。本书的环境以 Windows 为主，在其他系统可能有不同的用法或设计。

可以使用下面的代码确定模块是否存在：

```
1  if pygame.module is None:
```

```
2        print '该模块不存在于当前设备。'
3        exit()
```

表 11-1　pygame 常用函数表

函 数 名	提 供 功 能	函 数 名	提 供 功 能
pygame.cdrom	访问和控制 CD 设备	pygame.overlay	访问高级视频叠加层
pygame.cursors	加载和编译光标	pygame.rect	矩形容器
pygame.display	配置显示内容	pygame.sndarray	处理声音样本
pygame.event	管理输入设备和窗口平台的事件	pygame.sprite	游戏图像对象
pygame.font	加载和呈现字体	pygame.surface	图像和屏幕的对象
pygame.image	加载、保存和传输图片	pygame.time	管理时间和帧率
pygame.joystick	管理操纵杆设备	pygame.transform	调整大小和移动图像
pygame.key	管理键盘设备	pygame.draw	绘制简单形状
pygame.mixer	加载并播放声音	pygame.mixer.music	播放流音乐曲目
pygame.mouse	管理鼠标设备	pygame.surfarray	处理图像像素数据

11.2　Hello2048！

在很多编程的图书中，入门往往是从 HelloWorld 开始的。本书作为程序开发书籍自然也无法免俗。但是游戏开发库的入门如果只有 helloworld 未免有些不够意思。通过前面的学习用户的计算机应该已经具备了 pygame 工作的全部条件。所以就开始做一个自己的 2048 游戏吧！

11.2.1　逻辑分析

2048 从逻辑角度讲非常简单，玩家在游戏开始之初可以获得一片 4×4 的方块移动空间，之后所有的游戏操作都在这一空间内完成。在游戏进行之中，游戏程序将在这片空间内随机生成一块价值为 2 或 4 的方块。玩家可以通过按下方向键移动地图空间内所有的已生成方块。并且价值相同的方块在撞击后将会合并，并且价值翻倍。

游戏过程中将不断的重复这个创建、移动、合并的过程，直到地图中没有任何等价值方块相邻而且无空白区域，或程序检测到价值为 2048 的方块出现时游戏结束。在这个过程中，每次移动都会给玩家增加一定的分数,并且在游戏结束时进行结算。这就是 2048 游戏运行的逻辑。

图 11-4 所示为 2048 游戏界面示意图，图 11-5 所示为地图、方块和价值。

11.2.2　代码设计

结合上面所述的游戏逻辑，在代码设计上首先需要创建一个游戏版面的类，该类负责游戏过程中方块的移动和合并，以及创建新方块等功能。另外，该类中应该包含一个二维矩阵，用于处理游戏中地图信息的保存和计算。

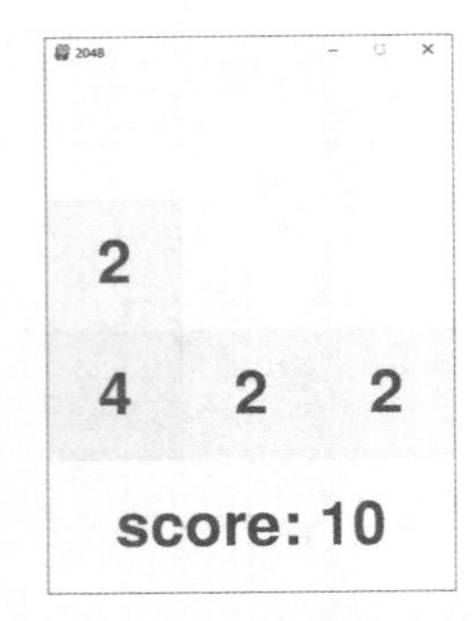

图 11-4　2048 游戏界面示意图

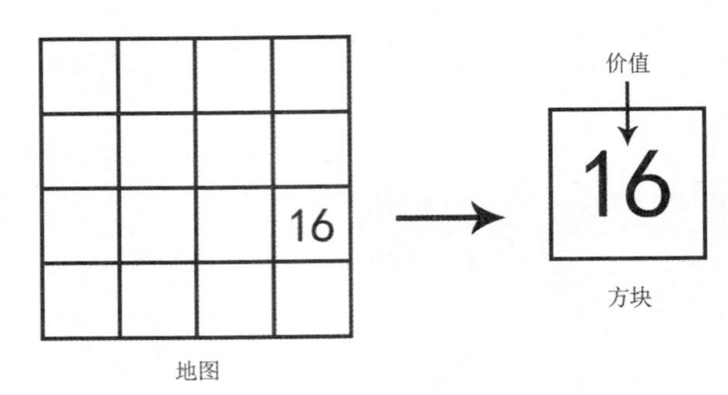

图 11-5　地图、方块和价值

游戏版面类中各个功能都需要依靠函数实现，新增方块的函数将在地图空白处随机生成一个价值为 2 或 4 的方块以便游戏继续进行。同时，该函数也决定了方块生成价值的比例和位置。接下来，移动函数的设计上为了节约代码量，将实现两个函数。第一个函数用于将所有方块向左移动，第二个函数负责将整体地图旋转 90° 。这两个函数相结合，就可以完成方块向各个方向移动的过程。

判断游戏结束的函数主要分为两部分，第一部分用于对地图的遍历过程，此部分函数会对地图矩阵进行遍历，并且判断地图矩阵中是否已经存在价值为 2048 的方块：若存在，则游戏可以直接结束并且进入分数清算阶段；若不存在，则代码进入第二部分。第二部分代码中首先判断地图是否存在空余位置用于生成方块，若存在则游戏继续进行。若不存在，则判断地图中是否存在相邻的价值相同的方块，若存在则游戏继续进行，若不存在则游戏直接结束，弹出游戏失败界面并且对玩家分数进行清算。

完成了上述功能后，基本逻辑已经初见雏形。之后为了让游戏进入到可见状态，还需要完成刷新屏幕的方法和主函数。这时程序不仅可以接收到玩家相应的操作，也可以根据玩家的操作对整体数据进行更新和显示。游戏程序的代码设计就已经完成了。

当然，这样的游戏代码还很简单，不过已经足以完成本章的学习要求了。

11.2.3　开始开发

在开发环节，首先需要了解 pygame 开发的思想，在该库下的所有可见内容无论是字体、图片还是其余素材都是由 surface 构成的。该库的图形化过程可以类比为一块黑板，黑板的版面就是 screen，也就是可见的窗口。而窗口内的所有内容都是黑板上的贴纸，也就是 surface。所以构建游戏界面其实就是一个向黑板上堆放贴纸的过程。

当然，一个游戏只有界面是远远不能运行的，还需要对鼠标、键盘等的操作进行响应。在 pygame 中，这些响应的操作就被称为事件。顾名思义，事件就是在程序运行期间所发生的操作以及系统上的变化等信息的集合，甚至一个程序的结束也是一个 quit 事件。而游戏过程就需要对这些事件进行处理。通过思考就会发现，在游戏过程中事件发生的频率其实十分惊人，为了处理这些事件，pygame 所给出的方法就是将所有的事件统统插入到一个队列中去，并且慢慢地按照顺序处理。

在 PC 程序开发中，常见的事件如表 11–2 所示。

表 11–2 pygame 常见事件表

事 件	产 生 途 径	参 数
QUIT	用户按下关闭按钮	none
ATIVEEVENT	游戏窗口被激活或者隐藏	gain,state
KEYDOWN	键盘按键按下	unicode,key,mod
KEYUP	键盘按键抬起	key,mod
MOUSEMOTION	鼠标移动	pos, rel, buttons
MOUSEBUTTONDOWN	鼠标按键按下	pos, button
MOUSEBUTTONUP	鼠标按键抬起	pos, button
VIDEORESIZE	游戏窗口缩放	size, w, h
VIDEOEXPOSE	游戏窗口部分公开	none
USEREVENT	触发用户事件	code

除去这些常见的事件外，还有根据游戏手柄和游戏滚球设计的事件，因为与本章节所需关联不大，故本章不做涉猎。

1. 鼠标事件

鼠标事件主要有 3 项，即 MOUSEMOTION、MOUSEBUTTONDOWN 和 MOUSEBUTTONUP。在这 3 项中，最基础也最强大的就是 MOUSEMOTION，它总计有 3 个参数，分别代表了鼠标的位置、上次产生事件的鼠标位置和鼠标当前按键的记录。其中，两个位置均返回一个 x、y 坐标，而按键记录则返回一个长度为三的一维数组，分别代表了鼠标的左、中、右 3 个按键，数值为 0 代表抬起，1 代表按下。

与此类似，剩余两个事件分别代表了鼠标的按下和放开，位置参数与 MOUSEMOTION 一致，而 button 则只返回一个数字，代表按下的按键信息。当开发者只需要获取鼠标点击事件的时候就可以调用这两个更简单的方法进行处理。

2. 键盘事件

键盘事件的两个事件分别代表了按键的按下和抬起，功能十分简单。其返回的参数功能如表 11–3 所示。

表 11–3 键盘事件返回参数表

参 数 名	参数返回示例	参数返回值意义
unicode	u	代表了按下键的 Unicode 值
key	308	按下或者放开的键值
mod	4096	组合键信息

其中，unicode 使用较少，剩余两个参数中 key 代表按下或放开的按键，数字难以记忆。所以一般使用 K_a 或者和 K_SPACE 等办法表示。mod 代表了组合键信息，类如 mod & KMOD_CTRL 就代表用户当前同时按下了【Ctrl】按键。

3. 过滤事件

为了减轻运算压力，在游戏过程中不必处理所有的事件。所以可以通过 pygame.event.set_blocked(事件名) 过滤掉不需要的事件，同时该方法也可以传递一个列表来屏蔽大量事件。相应的，也可以使用 pygame.event.set_allowed() 来通过所有允许的事件。

4. 编程开始

首先，新建一个 Python 文件。在文件最开始的位置，先要引入游戏中需要的类并且定义游戏中出现的常量。

```
1  #coding=utf-8
2  import pygame
3  import sys,time
4  import random
5  form pygame.locals import *
6
7  LENGTH=130
8  SCORE_SIZE=130
9  SIZE=4
```

在这段代码中，引入了 2048 游戏所需的 pygame 库和一些常用函数库。之后定义了游戏中方块的尺寸、分数字体的尺寸和游戏地图的大小。在完成了这些之后，就可以根据之前的代码设计开始创建 map 类

```
1  class Map:
2  def __init__(self,size)
3  self.size = size;
4  self.map=[[0 for i in range(size)] for i in range(size)]
5  self.score=0;
6  self.canmove=0;
7  self.add()
```

在这里，对 map 类的初始化方法进行了定义，当初始化 map 类时，需要传递一个 size() 函数作为它的尺寸。之后根据尺寸的大小初始化储存地图信息的二维数组。最后将玩家的分数和可移动指标置为零，并执行 add() 函数以便添加第一个方块令玩家开始游戏。

这里的 add() 函数就是之前代码结构中提到的，给地图添加有价值方块的方法。当它被执行的时候会在地图的数组中随机选取一个价值为 0 的位置进行赋值，也就是创建一个新的有价值方块。

```
1  def add(self):
2          while True:
3              x=random.randint(0,self.size-1)
4              y=random.randint(0,self.size-1)
5              local=self.map[x][y]
6              if local == 0:
7                  value = self.getNewNum()
```

```
8  self.map[x][y] = value
9  self.score+=value
10                 break
```

请注意，这里的缩进并非编写错误。这里的缩进是严格按照 Python 的写作方法进行的。另外可以观察到的是，这里生成方块的价值时使用了另一个函数 getNewNum()。

```
1  defgetNewNum(self):
2          n = random.random()
3          if n > 0.8:
4              n = 4
5          else:
6              n = 2
7          return n
```

这个函数中 random 将获得一个 0 ~ 1 之间的 double 型数字。之后判断该数字是否大于 0.8 并根据判断的结果返回相应数值，从而完成了按照概率生成价值不等的方块这一功能。下一步，将实现所有的方块向左靠拢的功能。

```
1  deftoLeft(self):
2          changed=False
3          for a in self.map:
4              b=[]
5              last=0
6              for v in a:
7                  if v!=0:
8                      if v==last:
9  b.append(b.pop() << 1)
10                         last=0
11                     else:
12  b.append(v)
13                         last = v
14           b += [0]*(self.size-len(b))
15           for i in range(self.size):
16               if a[i] != b[i]:
17                   changed = True
18           a[ : ] = b
19       return changed
```

在这一办法中，首先判断 a 中元素是否为空。如果为空则不做任何处理，不为空的元素需要判断是否与 b 队列中队尾元素相等。若相等则将 b 队列中元素进行左移操作（即升幂），进行合并，若不相等则将该元素添加到 b 队列队尾。完成以上操作后对 b 队列进行补零处理。最后判断 b 队列和 a 队列之间是否发生变化，并将发生变化的 b 队列更新到地图中。这一步骤若使用图片表示，则如图 11-6 所示。

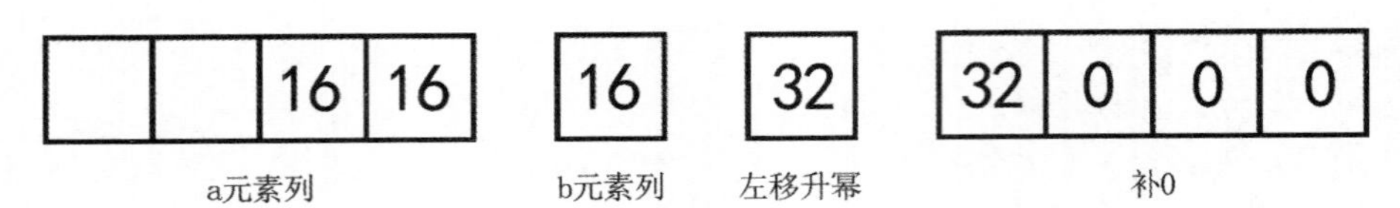

图 11-6　a、b 队列在向左靠拢后发生的变化

由图片可以明显、直观地看出在这个过程中各个数列发生了何种变化，也可以看出这一函数应实现的功能已经完成。所有方块均向左侧靠拢完毕。

接下来实现整体矩阵旋转 90° 函数的实现工作。

```
1      def rotate(self)
2  self.map =\
3  [[self.map[i][j] for i in reversed(range(self.size))] for j in range(self.size)]
```

这一步操作非常简单，其中“\”为 python 中的连接符号，代表连接当前行和下一行的字符。函数将地图视为一个二维矩阵，首先将 i 维度上的数据进行交换，之后将每一个 i 维度的数据填充到 j 维度上，就完成了将矩阵逆时针旋转 90° 的操作。这一步采用图示表示则如图 11-7 所示。

图 11-7　矩阵旋转原理（采用 3x3 矩阵举例）

在完成了以上两个函数之后，就可以开始地图移动函数的编写。其中左移是最简单的，因为只需要一个函数就可以完成。

```
1  defmove_left(self):
2          if self.toLeft():
3  self.canmove=1
4  self.add()
```

除去左移，其他方向则需要对地图进行旋转。用右移举例：

```
1  defmove_right(self):
2  self.rotate()
3  self.rotate()
4          if self.toLeft():
5  self.canmove=1
6  self.add()
7  self.rotate()
8  self.rotate()
```

首先将地图旋转了 180° 并执行了左移操作，此时左移操作等同于右移，之后将地图转回原位就完成了一次右移操作。值得注意的是，除去左移以外的所有功能都一定会出现四次地图旋转操作才能保证地图方向不变。

剩下的方向读者只要稍加思考便可以完成，所以此处不做赘述。到此为止，2048 的所有基本操作已经全部完成。也就是说此时的程序已经可以满足 2048 的所有操作要求了。下一步，实现游戏的检测功能。同样和程序设计相对应地分为两部分。

第一部分检测矩阵中是否存在一个特定的数值，本质就是对矩阵进行遍历并且比较，代码十分容易理解。

```
1  def check(self,num):
2          for i in self.map:
3              for j in i:
4                  if j==num:
5                      return True
6          return False
```

第二部分则用来检测矩阵中是否能够进行下一步操作。

```
1      def failed(self):
2          if self.check(0):
3              return False
4          for r in range(self.size):
5              for c in range(self.size - 1):
6                  if self.map[r][c] == self.map[r][c + 1]:
7                      return False
8          for r in range(self.size - 1):
9              for c in range(self.size):
10                 if self.map[r][c] == self.map[r + 1][c]:
11                     return False
12         return True
```

逻辑上，此处首先判断矩阵中是否还存在空位，若存在则必然不会导致游戏失败。之后判断矩阵中是否还有临近的价值相同的方块。若存在则游戏也不会失败。若不存在空余方格，也不存在邻近的等值方块，则游戏结束。

完成了这一部分代码，游戏逻辑部分就已经全部完成。现在转移工作重心到负责现实的代码上来。先对游戏中方块的颜色进行定义。

```
1  defgetColor(n):
2  hh = 0
3      for i in range(1,12):
4       if n>>i ==1:
5  hh = i
6     color = [(255,255,255),(255,255,200),(255,255,150),(255,255,100),(255,255,0)\
7        ,(255,193,37),(208,255,63),(255,165,0),(255,127,36),(222,174,0),(0xa2,0xcd,0x5a)\
```

```
8       ,(0x98,0xFB,0x98),(106, 90, 205)]
9    return color[hh]
```

这里也出现了熟悉的“\”符号，游戏中出现的所有颜色代码都将在这里定义。有了颜色还需要一个空间进行显示，所以下一步完成屏幕的更新代码，这里比较复杂也比较长。

```
1  def display(map,screen):
2  map_font = pygame.font.Font(None,int(LENGTH*2/3))
3  score_font = pygame.font.Font(None,int(SCORE_SIZE*2/3))
4  screen.fill((255,255,255))
5          for i in range(map.size):
6              for j in range(map.size):
7                  block = pygame.Surface((LENGTH,LENGTH))
8  block.fill(getColor(map.map[i][j]))
9  font_surf = map_font.render(str(map.map[i][j]),True,(106, 90, 205))
10  font_rect = font_surf.get_rect()
11  font_rect.center = (j*LENGTH+LENGTH/2,LENGTH*i+LENGTH/2)
12  screen.blit(block,(j*LENGTH,i*LENGTH))
13                  if map.map[i][j]!=0:
14  screen.blit(font_surf,font_rect)
15  score_surf = score_font.render('score: '+str(map.score),True,(106, 90, 205))
16  score_rect = score_surf.get_rect()
17  score_rect.center = (LENGTH*SIZE/2,LENGTH*SIZE+SCORE_SIZE/2)
18  screen.blit(score_surf,score_rect)
19  pygame.display.update()
```

这部分开始出现了以 pygame 开头的函数名称，其中 pygame.font 开头的是 pygame 中加载和表示字体的模块。而 pygame.font.Font 则代表从一个字体文件中创建一个字体对象。由它创建的字体对象可以在任何 surface 对象上表示字体。它也支持用户自定义游戏中出现的字体。在这段程序里，None 代表不采用用户自定义字体，而采用默认的内建字体。第二个参数则代表了字体大小，以像素作为单位。但是字体一旦创建完毕，字体就不能再修改尺寸了。

screen.fill((255,255,255)) 代表了将 screen（也就是前面说的黑板）的背景颜色填充为 255、255、255。类似的，下方创建数字方块对象时所写的 block.fill(getColor(map.map[i][j])) 则代表给数值方块填充相应的颜色，颜色采用一个三位数组进行标识，这个数组中的三个数字分别代表了 RGB 的三个数值。

map_font.render(str(map.map[i][j]),True,(106, 90, 205)) 则代表了通过字体对象创建一个位图。该方法正确使用为 my_font.render(text,True,(255,255,255))，代表使用已有的文本创建一个位图 image，返回值为一个 image；对于位图，可用 get_height(),get_width() 的方法获得高与宽；参数 True 表示抗锯齿，后方的三位数组为字体颜色。当对背景颜色有需求时还可以使用第四个参数定义背景颜色，没有时就为默认的透明；当一切都安排妥当之后，updata 负责刷新之前安排的所有内容，游戏就成功的显示出来了。

但是只有画面是无法进行游戏的，为了游戏的顺利进行还需要对操作进行定义，以及根据游戏里的内容进行更新等。所以开始书写 map 类的主方法，也就是游戏的主方法。

```
1  def main():
2  pygame.init()
3          map = Map(SIZE)
4          screen = pygame.display.set_mode((LENGTH*SIZE,\
5          LENGTH*SIZE+SCORE_SIZE))
6  pygame.display.set_caption("2048")
7          clock = pygame.time.Clock()
8          display(map,screen)
9          while not map.failed():
10             for event in pygame.event.get():
11                 if event.type == QUIT:
12  pygame.mixer.music.stop()
13  pygame.quit()
14  sys.exit()
15             keys = pygame.key.get_pressed()
16  map.canmove=0
17             if keys[K_UP]:
18  map.move_up()
19  elif keys[K_DOWN]:
20  map.move_down()
21  elif keys[K_RIGHT]:
22  map.move_right()
23  elif keys[K_LEFT]:
24  map.move_left()
25             display(map,screen)
26             if map.canmove==1:
27                 if map.check(2048):
28                     break;
29  time.sleep(0.356)
30          result = "You Failed"
31          if map.check(2048):
32              result="You Win"
33  screen.fill((255,255,255))
34  map_font = pygame.font.Font(None,int(LENGTH*2/3))
35  font_surf = map_font.render(result,True,(106, 90, 205))
36  font_rect = font_surf.get_rect()
37  font_rect.center = (SIZE*LENGTH/2,SIZE*LENGTH/2)
38  screen.blit(font_surf,font_rect)
39  pygame.display.update()
40          while True:
41  clock.tick(5)
42             for event in pygame.event.get():
```

```
43                    if event.type == QUIT:
44  pygame.quit()
45  sys.exit()
```

在这里，首先初始化了 pygame 以便后期使用，之后创建了一个 map 对象，根据 pygame 的设计使用 display() 函数创建了游戏的主窗口，并且采用 set caption 设置了游戏的标题。最后将游戏的画面显示出来

后面使用了一个循环来确保游戏的正常进行，为了确定 quit 按钮有作用，对 quit 事件进行了处理，之后将按键操作映射到事件上，并且引入了游戏胜负的判断函数。同时根据胜负函数的判断结果创建了一个新的全屏 surface，用于在游戏结束时进行弹窗。

最后，使用两行简洁的代码调用 main() 方法，完成开发工作。

```
1  if __name__ =='__main__':
2      main()
```

11.2.4　测试和发布

既然游戏已经完成，现在就可以开始游戏的测试环节。在本环节，主要需要对游戏程序进行测试。

首先需要对游戏中临界状态进行测试，比如游戏是否可以成功地判断游戏结束，或者游戏对于所有方格已满但是方块还是可以移动的情况下是否可以响应。另外，需要对代码进行审查。在 pygame 中，采用如下代码打开的游戏会拥有一块控制台辅助完成游戏测试的任务。另外，游戏测试中多次通关也是必不可少的环节。所以游戏测试是个复杂的工作。不过此处涉及的游戏十分简单，所以可以用很短的时间完成测试。最简单来说，只要保证游戏正常工作、可以完成游戏中设计、实现的所有功能就可以。

```
python3 yourname.py
```

完成了以上环节之后，就已经完成了开发工作，游品可以运行了。

小　结

本章分别从逻辑和代码角度分析了 2048 游戏的具体内容。从逻辑的代码开发角度入手，介绍了 pygame 和 Python 中常见的一些方法和操作。通过对游戏的开发演示了如何使用 pygame 进行简单的游戏开发工作。

本章重点部分在于对游戏逻辑的实现和 pygame 的方法调用。这些方法几乎是游戏开发过程中不可回避的基础。希望读者可以在自己的计算机上安装、制作并测试这些软件。另外，由于篇幅限制原因，本章节中仅对用到的或涉及的 pygame 函数和用法进行了讲解，因此，为了更加简单地开发，可能读者还需要自行课外“补习”。游戏开发除了代码外还有很多音乐、绘画、写作等方面的扩展。它们一同构成了游戏开发，如果读者对游戏开发感兴趣的话，也不妨多理解、思考，融会贯通。

习 题

1. 将游戏中出现的颜色进行自定义。
2. 将游戏中出现的 2、4、6、8 等数字更换为一组具有其他意义的文字。
3. 将游戏的最终目标 2048 修改为 4096。

第12章 魔镜制造

在本章中，读者将通过阅读学习到如何使用一块屏幕和一台性能足够的计算机制作出一块属于自己的魔镜。也可以使用本章中出现的知识点制作一个方便实用的爬虫、一个数据显示的平台或者一个在不同的计算机之间传输数据的小程序。

不过值得注意的是，本章中也出现了一部分HTML和js的相关知识，需要读者进行一些课外的拓展学习。

12.1 什么是魔镜

本章所述的魔镜，是一种使用单面反光玻璃和显示器等电子零件构成的一个智能家居组成。顾名思义，魔镜应该具有镜面的外观，同时可以在镜面上显示一定的内容，并且具备和使用者进行交互的能力。本章节中所制作的魔镜主要实现了数据的获取和展示工作，如图12-1所示。

图12-1　典型的魔镜场景，由TadejBolcecvic设计

魔镜的数据应该是具有多种来源的，而且应该依据魔镜的使用场景不同而适当进行切换。例如：一块梳妆台的魔镜可以显示最近的美妆信息和天气情况。而一块在门口的镜子则最好显示路况信息和当天的日程安排。这些信息来源广泛，格式多样。所以在魔镜的设计中应该使用统一的信息交换接口进行传递。

12.2 程序结构说明

一块魔镜的主要分为硬件和软件两部分，硬件部分在本章中不再赘述。软件部分主要包括了数据爬虫、数据中转、数据显示等内容。

12.2.1 数据爬虫

本部分就是魔镜数据的来源，在本部分程序中首先要确定数据的来源和信息。在数据获取的来源方面最好选择一个稳定、可靠、易于获取的来源。确定来源之后，本部分程序会根据输入的 URL 对网页按照一定的规则进行获取和处理。当数据信息被获取之后，为了将获取到的数据信息发送到中转的连接程序上，还需要将数据转换为恰当的形式和状态。最终本部分程序创建一个到达中转服务器的链接，同时将数据发送出去。这样就完成了一次数据的处理工作。

12.2.2 数据中转

在这一部分，爬虫先将数据传输到本程序，本程序会将接收到的数据转换为显示程序所需的数据格式，转换完成之后将此传输到显示程序，本中转程序就完成了它的任务。

为了完成本程序中所有的任务，本部分程序必须实现多种协议的接受和发送代码，而且本部分还需要对输入信息的进行处理，防止错误的信息和混杂的信息进入显示代码中，导致显示信息错误或者卡顿。

12.2.3 数据显示

为了显示方便、易于修改。本部分代码使用 HTML 和 js 进行开发。所以读者也应该具备一定的 HTML 实用知识来满足本书的需求。本部分代码主要使用 websocket 获取到信息，之后使用 js 修改前端代码将获取到的信息推送到前端，就完成了它要完成的任务。

一次数据的完整传输过程如图 12-2 所示。其中中转程序由两个进程组成，分别负责数据的接收和发送。

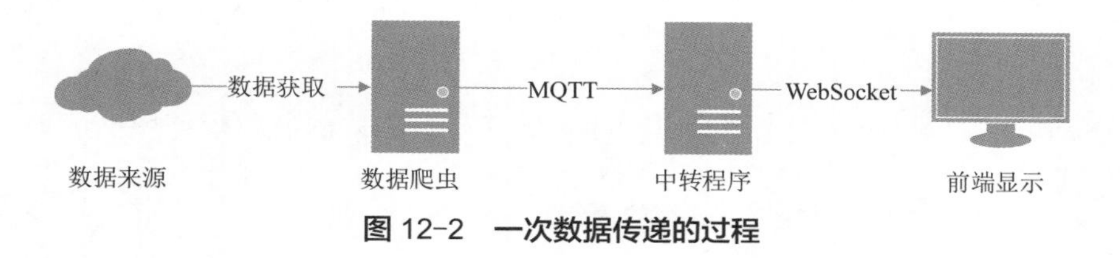

图 12-2　一次数据传递的过程

12.3 程序说明和开发

在上述的结构设计中，数据爬虫是数据的来源，由它获取的数据通过中转发送到前端的显示程序上，之后显示程序会依照设计好的结构将数据填充到显示设备上。从这个流程来讲，其实魔镜就是一个数据的显示终端。

12.3.1 数据的来源

虽然数据是采用爬虫获取到之后传输到服务器的，但是为了尽可能减轻编程的复杂程度和服务器的处理压力，最好选用一个标准化的网页格式进行爬取。例如，当同一个信息来源可以选择网页截取和 json 数据接口时，我们应该选取数据接口形式并进行处理，而不是网页截取。

为了方便接下来的讲解，先创造一个示例的数据来源代码。

1. 示例代码

在示例代码中，第一部分是文章链接的获取接口。它的网址是 http://127.0.0.1/lastest/，这是一个内网网址，所以当没有配置时，这个网址是不可能进行访问的。在这个网址上会返回一个 json 文件，内容如下：

```
{"date":"20190101","stories":[{"title":"化学的含义
","url":"http:\/\/127.0.0.1\/story\/13645","hint":"东方星城·阅读需要 5
分钟","id":"13645"},{"title":"远方镇地理实录","url":"http:\/\/127.0.0.1\/
story\/23522","hint":"远方镇·阅读需要 3 分钟","id":"23522"}]}
```

通过阅读和分析可以得知，这里首先返回了更新的日期，之后将文章的信息以数组的形式返回。每一篇文章包含了标题、链接、作者和文章编号。

第二部分是一个可以进行阅读的网页，它的链接格式为 http://127.0.0.1/story/ 文章 id。其中，id 可以由文章连接的获取接口进行获取，该网页内容如下：

```
1   <html lang="zh-CN" class=" show-download-banner">
2
3   <head>
4   <title>化学的含义</title></head>
5
6   <body>
7   <div class="img-wrap">
8   <h1 class="headline-title">化学的含义</h1>
9   <imgsrc="http: //127.0.0.1/story/13645/head.jpg" alt=""></div>
10  <div class="content-inner">
11  <div class="meta">
12  <img class="avatar" src="http: //127.0.0.1/story/13645/avatar.jpg">
13  <span class="author">东方星城，</span>
14  <span class="bio">东方星城的简介</span></div>
15  <div class="content">
16  <p>化学是自然科学的一种，在分子、原子层次上研究物质的组成、性质、结构与变化规律；
    创造新物质的科学。世界由物质组成，化学则是人类用以认识和改造物质世界的主要方法和手
    段之一。它是一门历史悠久而又富有活力的学科，它的成就是社会文明的重要标志，化学中存
    在着化学变化和物理变化两种变化形式。</p>
17  <p>“化学”一词，若单是从字面解释就是“变化的科学”。化学如同物理一样皆为自然科
    学的基础科学。化学是一门以实验为基础的自然科学。门捷列夫提出的化学元素周期表大大促
```

```
    进了化学的发展。如今很多人称化学为“中心科学”，因为化学为部分科学学科的核心，如
    材料科学、纳米科技、生物化学等。化学是在原子层次上研究物质的组成、结构、性质及变化
    规律的自然科学，这也是化学变化的核心基础。现代化学下有五个二级学科：无机化学、有机
    化学、物理化学、分析化学与高分子化学。</p>
    </div>
18  </div>
19  </body>
20
21  </html>
22
```

当然，这也是一个内网网址，所以在没有完成配置的情况下依旧无法访问。读者可以将本段代码保存为html格式后使用浏览器打开进行观看。到此为止，数据源的示例代码就构建完毕了。

2. 数据获取

本部分将根据示例代码进行编写。和所有的Python程序一样——我们首先引入后续编程时需要用到的库文件：

```
1  import urllib.request
2  import re
3  import requests
4  from pyquery import PyQuery as pq
5  import datetime
6  import json
7  import hashlib
```

在这部分引入的库中，包含了能够让用户像操作jQuery一样操作Python中网页的PyQuery，也包含了可以创建请求头并模拟请求的urllib等库。完成这一部分之后，我们开始构建一个获取网页信息的方法，称其为getHtml。

```
1  def getHtml(url):# 获取网页
2      header = {'User-Agent':'Mozilla/5.0 (Windows NT 10.0; WOW64)
AppleWebKit/537.36 (KHTML, like Gecko) Chrome/53.0.2785.104 Safari/537.36'}
3      myrequest = urllib.request.Request(url, headers=header)
4      response = urllib.request.urlopen(myrequest)
5      text = response.read()
6      return text
```

在这个方法中，模拟了一个Chrome浏览器的头，之后使用urllib创建了一个浏览器的请求发送到服务器端。最后调用了read方法将服务器返回的内容转换为文本形式并返回给这个方法的调用者。这样就完成了一次方法的流程。

通过对示例代码的理解，我们可以得知对网页进行爬取，首先需要访问文章更新的接口，获取文章的链接信息才能继续进行。所以我们先获取下文章更新的接口，测试方法是否已经正常进行了。

```
1 if __name__ == '--main--':
2     urls = getHtml('http://127.0.0.1/lastest/')
3     print(urls)
```

成功运行后结果如图 12-3 所示。

图 12-3 运行结果

通过观察可以得知，此时已经成功获取到文章链接的 json 数据。当然，在某些情况下获取到的数据可能产生形如 d'/x9d' 等类型的乱码，将程序改为下文格式即可解决：

```
1 if __name__ == '__main__':
2 urls = getHtml('http://127.0.0.1/lastest/')
3     print(urls.decode())
```

但是仅仅获取到 json 的文本格式还是不够的，还需要针对 json 文件中所包含的数据进行处理。最好的办法就是将这些 json 信息转换为一个对象数组。这样就可以直接使用数组的操作方法对 json 包含的信息进行处理。所以还需要设计一个将 json 中的网页链接提取出来的方法。

```
1 def getUrls(url):# 解析到链接
2     items=json.loads(getHtml(url))['stories']
3     urls=[]
4     for i in items:
5         urls.append(str(i['url']))
6     return urls
```

在本方法中将 getHtml 返回的 json 信息使用 json.load 方法转换为一个数组。之后直接从文章信息中获取到文章的链接地址并且返回。为了测试这个方法，我们将主方法中获取网页信息的函数改为获取链接，之后遍历获取到的链接组。

```
1 if __name__ == '__main__':
2     urls = getUrls('http://127.0.0.1/lastest/')
```

```
3        for url in urls:
4            print(url)
```

此程序成功运行后即可按行输出json中所包含的文章信息，此时数据获取的第一步获取链接就已经完成了。下一步开始构建发送获取信息所需的json类。

```
1  class Inf(object):
2      def __init__(self,form,time,live,content,url):
3          self.form=form
4          self.idn=str(hashlib.md5(str(content).encode(encoding='UTF-8')))
5          self.time=time
6          self.live=live
7          self.content=content
8          self.url=url
9          self.type='info'
10          self.pd='thisisakey'
11
12
13      def __str__(self):
14          return '''
15          IDN: {}
16          来源: {}
17          发布时间: {}
18          有效期: {} 秒
19          内容: {}
20          链接: {}
21          '''.format(self.idn,self.form,self.time,self.live,self.content,self.url)
```

这个类代表了服务器中进行传输的数据类结构，它标识了数据的来源、发布时间、存活时间、内容、类型和传递密钥。为了明确其中内容的格式，还需要针对内容设计一个单独的类进行保存。

```
1  class InfItem(object):
2      """docstring for InfItem"""
3      def __init__(self, title, cont):
4          self.title = title
5          self.cont = cont
6
7      def __str__(self):
8          return'''
9          标题: {}
10         内容: {}
11         '''.format(self.title,self.cont)
```

在这个类中标识了文章的标题和内容。其余的结构和上一个类相同。这两个类就共同组成了在文章信息发送的过程中文章信息包的具体结构。当然读者也可以根据自己的需要对这个类进行相应的修改，只要满足信息传递的需求即可。

下面创建一个方法用于对上述类进行填充。

```
1  def getContent(url):# 获取文章内容
2      html = getHtml(url)
3      html = html.decode('utf-8')
4      patten = re.compile('<h1 class="headline-title">(.*?)</h1>')
5      items = re.findall(patten, html)# 获取文章标题
6      d=pq(html)
7      title=items[0]
8      author=str(d('.meta').find('.author').text())
9      bio=str(d('.meta').find('.bio').text())
10     content=str(d('body').find('.content').text())[0:200]
11     contlist=[]
12     contlist.append(InfItem(title,str(author+bio+"\r\n"+content)).__dict__)
13     InfJson=Inf('',str(datetime.datetime.now()),3600*8,contlist,url)
14     return str(json.dumps(InfJson.__dict__))
```

这里使用 getHtml() 获取到了新闻网页中的信息，之后将网页的文本内容转换为 pyquery 对象，并使用 pyquery 的 find() 方法获取到网页的标题、作者和网页内容的前 200 字内容。最后将内容组装 Inf 类并转换为 Json 输出。完成了这一步之后，主方法修改为：

```
1  if __name__ == '__main__':
2      urls = getUrls('http: //127.0.0.1/lastest/')
3      for url in urls:# 遍历每篇文章到地址
4          print(getContent(url))# 获取打印文章到内容
```

执行测试方法，该修改后的程序会在对应的窗口中输出其获取到的 json 信息，其信息应包含上述类设计中所产生的全部条目。正确的输出示例如图 12-4 所示。

图 12-4　一个正确的 json 输出示例

到此为止，我们已经能够成功获取到网页中的相关信息，并将信息转换为易于发送的Json格式。接下来，我们开始完成数据的发送部分。

3. 数据发送

为了将已经获取到的网页信息发送到中转的连接程序上，在这里引入了MQTT队列进行处理。MQTT是一个基于客户端－服务器结构的消息发布/订阅传输协议，它的特点是简单、轻量、易于实现，所以十分适合本系统的要求。

为了实现这个发送协议，首先需要对头文件进行修改，引入MQTT的相关支持，并添加服务器的地址和接口：

```
1  import paho.mqtt.client as mqtt
2
3  HOST = "127.0.0.1"
4  PORT = 1883
```

在引入部分添加以上四行内容，之后对主程序做如下操作：

```
if __name__ == '__main__':
    urls = getUrls('http: //127.0.0.1/lastest/')
    client = mqtt.Client()
    client.connect(HOST, PORT, 60)
    client.loop_start()
    client.publish("log","Daily 1.0 Online",2)
    for url in urls:
        client.publish("info",getContent(url),2)
    client.loop_stop()
```

这一部分创建了一个MQTT客户端，并且该客户端发布了log话题和info话题可供订阅。此时，数据的来源部分代码已经完全完成，进入待命状态。但是目前该代码运行会出现错误。因为MQTT服务器还处在离线状态。

12.3.2 数据的展示

数据的展示部分主要采用了WebSocket和中转程序进行交互，本程序中前端显示部分，出于简单和易于修改的理由，采用了HTML和js进行结合，仅作为示例用途。

HTML代码：

```
1  <html lang="zh-CN">
2  <head>
3  <meta charset="utf-8" />
4  <title>Smart Mirror Panel</title>
5  <script type="text/javascript" src="./js/jquery.js"></script>
6  <script type="text/javascript" src="./js/ws.js"></script>
7  </head>
8  <body onload="init();">
9  <div class="content" id="log">
```

```
10
11 </div>
12 </body>
13 </html>
```

ws.js 代码如下：

```
1  var ws;
2  var infoList = new Array();
3
4  function init() {
5      var host = '127.0.0.1';
6      var port = '9001';
7  ws = new WebSocket("ws://" + host + ":" + port + "/");
8  ws.onopen = function () {
9
10     };
11 ws.onmessage = function (e) {
12           var Object = JSON.parse(e.data.replace('\\r\\n', '<br>').
  replace('\\n', '<br>'));
13           if (Object['pd'] == 'thisisakey' && Object['type'] == 'info') {
14               var t = ''
15               t = t.concat('<div class="item" id=' + Object['idn'].
slice(0, 6) + '><div class="contentframe"><h4 class="frametitle"
style="margin-bottom:0;">' + Object['form'] + '</h4><div style="float:
left;width: 100%;"><div class="newstitle">');
16               for (var i = 0; i< Object['content'].length; i++) {
17                   t = t.concat('<h5>' + Object['content'][i]['title']
+ '<br /><small>' + Object['content'][i]['cont'] + '</small></h5>');
18               }
19               output("log", t);
20               t = '';
21           }
22     };
23
24 ws.onclose = function () {
25 setTimeout(location.reload(), 15000);
26     };
27
28 ws.onerror = function (e) {
29           console.log(e);
30 setTimeout(location.reload(), 15000);
31     };
32 };
```

```
33
34 function onCloseClick() {
35 ws.close();
36 }
37
38 function output(id, str) {
39     var log = document.getElementById(id);
40     var escaped = str;
41 log.innerHTML = escaped + log.innerHTML;
42 }
```

以上代码中，首先创建了一个 WebSocket 的链接并依据实际情况对链接进行了相对定义，onmessage 部分就是 ws 收到信息后的处理。该部分首先将输入的 json 数据转换为易于操作的对象状态，并对密码和类型进行对比以确保信息的准确性。之后将信息依照预设的 HTML 格式转换为 HTML 代码，通过 output() 方法输出到网页上进行显示。

onclose 和 onerror 则确定了当链接被关闭和链接失败时多久进行重连并输出错误信息。数据的展示部分到此就开发完毕了。

12.3.3 从网页到网页——数据的链接和转发

在阅读本节时，之前的两节所展示的系统都已做好工作的准备，为了让两个系统之间的数据得以互联互通，就需要在两个系统之间构筑一个桥梁，也就是一个连接程序。在本文中，数据的传输主要分为 3 个部分：MQTT、WebSocket 和两个进程之间的用于传输消息的程序。

当然，实际上也可以在程序之间单独使用 MQTT 或 WebSocket 等进行连接，但是出于简单理解和低耦合等角度考量。暂不采取此类方案。

1. 前置引入和数据类构造

结合前面所述，本部分程序不仅要将数据在内部进行转发等交互，还需要在程序内部对于不符合要求的信息进行清洗和处理。为了满足这些要求，就需要本程序内部建立数据对应的数据结构和数据类。结合上述要求即可开始对本程序进行构建。

首先需要引入后续程序开发时所需的各种类，并对程序中的服务地址和端口进行预定。

```
1  from websocket_server import WebsocketServer
2  import paho.mqtt.client as mqtt
3  import base64
4  import json
5  import threading
6  import multiprocessing
7  import os
8  from websocket import create_connection
9  from cacheout import LFUCache
10 import time
11 cache = LFUCache()
```

```
12 localhost='127.0.0.1';
13 mqttport=1883;
14 wsport=9001;
```

之后，仿照数据来源的格式对本程序中所需的数据类进行构造。

```
1  class Inf(object):
2      def __init__(self,idn,form,time,live,content,url):
3          self.form=form
4          self.idn=idn
5          self.time=time
6          self.live=live
7          self.content=content
8          self.url=url
9      def __str__(self):
10         return '''
11         IDN: {}
12         来源：{}
13         发布时间：{}
14         有效期：{} 秒
15         内容：{}
16         链接：{}
17         '''.format(self.idn,self.form,self.time,self.live,self.content,self.url)
18 class InfItem(object):
19     """docstring for InfItem"""
20     def __init__(self, title, cont):
21         self.title = title
22         self.cont = cont
23     def __str__(self):
24         return'''
25         小标题：{}
26         内容：{}
27         '''.format(self.title,self.cont)
```

本部分构造实际上与本书前面所述的数据构造相同。所以不做赘述。到此为止就完成了中转程序的引入和数据类构造工作。

2. MQTT 服务

本部分主要实现一个 MQTT 的接收端程序，同时该程序可以作为一个单独的进程运行，并且能够对订阅的信息进行处理。

首先实现接收端的初始化程序：

```
1  def mqttinit(PORT):
2      client = mqtt.Client()
3      client.on_connect = on_connect
```

```
4       client.on_message = on_message
5       client.connect(localhost, PORT, 60)
6       print("MQTT Sever start in PORT"+str(PORT))
7       client.loop_forever()
```

本部分定义了两种情况，最后使用 loop_forever 将服务持久化启动。其中两个情况的代码如下：

```
1   def on_connect(client, userdata, flags, rc):
2       print("Connected with result code "+str(rc))
3       client.subscribe("info")
4       client.subscribe("log")
5
6   def on_message(client, userdata, msg):
7       if(msg.topic=='info'):
8           inf=json.loads(msg.payload)
9           print("收到了来自 "+inf['form']+" 投递的 "+inf['content'][0]['title'])
10          msgSend(msg.payload)
11  elif(msg.topic=='log'):
12          print(str(msg.payload))
```

这两部分分别实现了连接时对消息的订阅工作和当消息传达时对消息的处理。其中 MsgSend 实现了消息的发送工作。MQTT 到此部分就完成了编写工作。

3. WebSocket 服务

本部分服务的传输方向和 MQTT 服务正好相反，MQTT 会获取到外部发送的消息，而本部分服务会将收到的所有合规信息广播到所有在线的客户端上，从而实现一个服务器对应多个客户端的功能。

代码方面，首先还是初始化 WebSocket 服务：

```
1   def wsinit(PORT):
2       server = WebsocketServer(PORT)
3       server.set_fn_new_client(new_client)
4       server.set_fn_client_left(client_left)
5       server.set_fn_message_received(message_received)
6       print("WS Sever start in PORT"+str(PORT))
7       server.run_forever()
```

在上述初始化过程中，设定了 3 个情况，这 3 种情况的代码如下：

```
1   def new_client(client, server):
2       print('Client'+str(client['id'])+' online.');
3
4   def client_left(client, server):
5       print("Client(%d) disconnected" % client['id'])
6
7   def message_received(client, server, message):
```

```
8        message.replace("\"","\'")
9        Object=json.loads(message)
10       if(Object['pd']=='thisisakey'):
11           cache.set(Object['idn'], str(message), ttl=Object['live']*1000)
12           server.send_message_to_all(message)
```

这 3 种情况分别应对了新连接、客户端离线和消息的处理。其中消息处理使用了 send_message_to_all 方法将合规的消息发送到所有客户端。实现了一对多的服务器效果。

4 消息发送

本部分主要负责 MQTT 和 WebSocket 之间信息的中转，结构非常简单：

```
1  def msgSend(msg):
2      ws = create_connection("ws://"+str(localhost)+":"+str(wsport))
3      ws.send(msg)
4      ws.close()
```

首先本部分创建一个 WebSocket 链接，之后本部分会取出消息，并通过 WebSocket 发送到所有在线的浏览器上去，从而实现了不同进程中的通信功能。

最后，完成该程序的主方法，依次序初始化各个进程。

```
1  if __name-- == '__main__':
2      s1=multiprocessing.Process(target=wsinit,args=(wsport,))
3      s2=multiprocessing.Process(target=mqttinit,args=(mqttport,))
4      s1.start()
5      s2.start()
6      print("Sever is Start Now!")
```

这里使用了 multiprocessing 功能，它是 Python 所提供的一种基于进程的并行方法。该方法使用进程代替了线程。避免了锁定等问题。同时该方法也可以有效调用计算机上的多个核心来运行程序。所以对于程序的效率有很大的提升。

到此为止，已经完成了魔镜的所有代码开发工作。

12.3.4 魔镜的运行

在使用魔镜之前，首先需要在计算机上启动一个 MQTT 的服务程序。在互联网上，该程序具有很多选择，本书则采用了由 APACHE 公司开发的 ActiveMQ 程序。该程序是一个开放源码的消息中间件，支持多种协议的开发和集群功能。

运行之前首先需要确保计算机拥有 Java 环境来令程序运行，之后打开命令窗口，定位到下载好的程序的 bin 文件夹中，执行：

```
activemq start
```

此时，命令窗口内部的显示内容将如图 12-5 所示，这里就是 ActiveMQ 的控制台界面。可以在这里看见服务的相关信息并对程序做出调整。

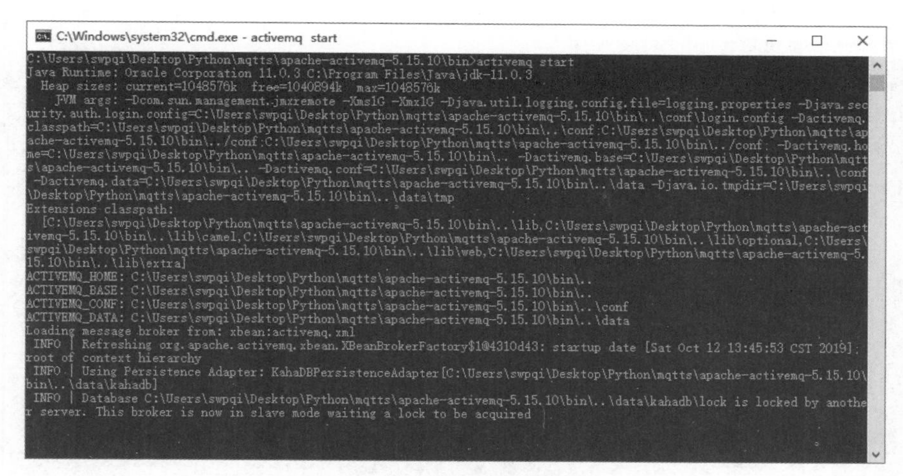

图 12-5 服务后台界面示意图

确保服务已经成功运行后，需要新建一个窗口，在新的窗口中执行服务端程序。若前面的编写没有出现问题。此时新的窗口输出如图 12-6 所示。

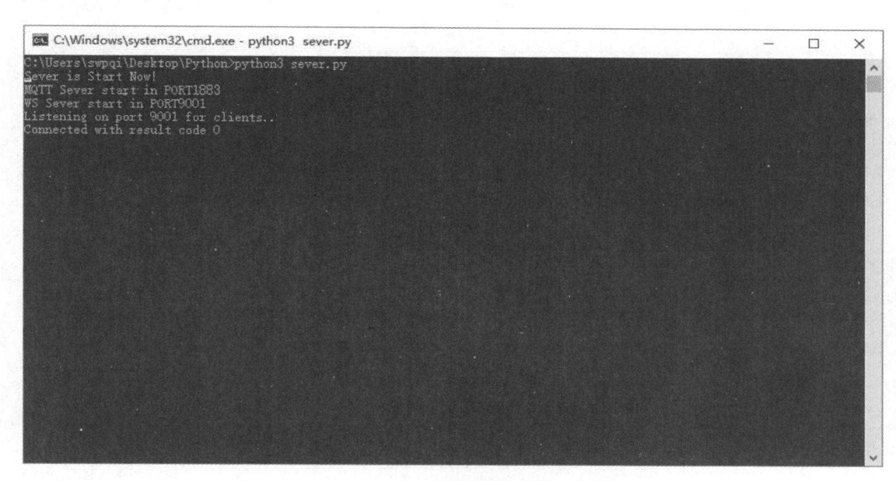

图 12-6 转发服务启动示意图

此时，中转服务已经成功运行，可以使用浏览器打开之前编写的 HTML 页面，页面显示内容为空，而转发服务的命令行窗口则会多出一行 Clientonline 的提示，代表该 HTML 页面也成功地连接到了 WebSocket 页面中。最后，运行数据获取程序，当数据获取完成后，转发服务页面应该如图 12-7 所示。

于此同时，网页端应该已经成功刷新并且将推送的消息显示到前端页面上。当然，消息依旧十分简单，但是这就代表了网页已经成功工作。不过如果测试的够多，就会发现在消息推送之后打开的网页并不能获得相应的消息推送。这是正常情况，因为推送实际上是实时转发的，并没有在服务端对消息进行保存和处理。不过一个正确获得消息的浏览器界面应该如图 12-8 所示。

```
C:\Windows\system32\cmd.exe - python3 sever.py
C:\Users\swpqi\Desktop\Python>python3 sever.py
Sever is Start Now!
MQTT Sever start in PORT1883
WS Sever start in PORT9001
Listening on port 9001 for clients..
Connected with result code 0
Client1 online.
b'Daily 1.0 Online'
收到了来自 投递的 化学的含义
Client2 online.
Client asked to close connection.
Client(2) disconnected
收到了来自 投递的 化学的含义
Client3 online.
Client asked to close connection.
Client(3) disconnected
```

图 12-7　消息成功发送的转发程序

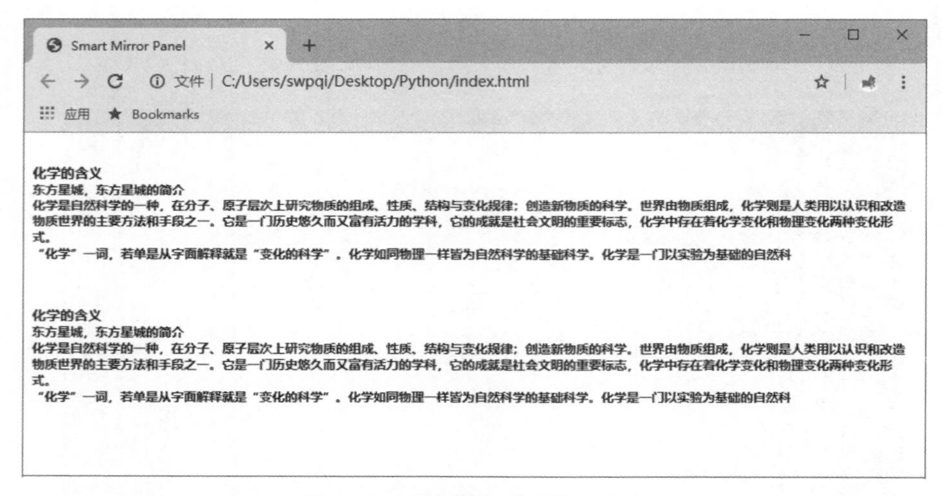

图 12-8　网页已经成功获取信息

到此，已经成功地完成了本次的开发工作，魔镜看起来可能还很简陋。但是 HTML 的特点就在于，它可以简单快捷地将界面打扮得好看起来。这些就需要读者在课外时间对自己开发的软件进行继续打磨和开发。

小　　结

通过本章的学习，已经具备了制作一块魔镜所需要的软件知识。尽管魔镜还很简陋，但是实际上所有的功能已经能够实现了：它不仅能够自动获取所有所需的信息和资料，也可以将这些信息自动进行清理并依照格式投射到显示器上。实际上，通过本章的学习，所掌握的技能不仅仅是可以做一个简单的网页，也可以对天气、新闻等相关的信息进行处理和获取。

希望读者在阅读之后不要仅限于书上所写的内容，也可以自己在生活中多多尝试，多多学习。软件不仅是一项专业所需的工具，实际上也是生活中给自己减轻压力的一个助手。希望读者们都能找到自己所独有的编程乐趣。

习　题

1. 请根据本章节学习到的知识完成一个爬虫程序。
2. 将自己制作的爬虫获取到的信息转发到另一个MQTT的客户端上。